헤어칼라디자인 워크북
Hair Color Design Workbook

조미영 · 著

목차

Chapter 1.　모발의 이해 ············· 3

Chapter 2.　색의 이해 ············· 15

Chapter 3.　일시적 염색 ············· 24

Chapter 4.　산성 헤어칼라 ············· 33

Chapter 5.　산성 헤어칼라 실습 ············· 41

Chapter 6.　보색 염색 ············· 51

Chapter 7.　멜라닌 색소 ············· 60

Chapter 8.　탈색 ············· 65

Chapter 9.　호일워크 위빙 ············· 74

Chapter 10　칼라차트 ············· 83

Chapter 11.　산화 염색 ············· 92

Chapter 12.　버진헤어 - 원터치 기법 ············· 103

Chapter 1

모발의 이해

1. 모발 그리기

모발은 두피를 경계로 두피 바깥쪽은 (   ), 두피 안쪽은 (   )이라고 한다. (   )은 모낭, 모구, 모유두, 피지선, 기모근으로 구성되어 있으며, (   )은 모표피, 모피질, 모수질의 3개 층으로 나눠진다.

눈에 보이는 나무를 그리시오	눈에 보이는 모발을 그리시오

Chapter 1. 모발의 이해

모발 구조

2. 모발의 구조

1) 모근(hair shaft)

(1) 모낭(hair follicle)

모근을 감싸고 있는 털주머니인 (   )은 두피 안쪽에 위치하고 있으며 모낭과 모낭 주변으로 나눠진다.
(   )에는 모구, 모유두, 모모세포, 멜라닌형성세포가 있고 (   ) 주변에는 입모근(기모근), 피지선, 아포크린선(대한선)이 있다.

(2) 모구(hair bulb)

모낭에서 둥글게 부풀어 있는 아래 부분을 (   )라고 하는데 모모세포와 멜라닌 형성세포로 구성되어 있다.
(   )의 밑 부분은 오목하게 들어가 있고 오목하게 들어간 부분에는 진피 세포층에서 나온 모유두가 들어 있다.

(3) 모유두(hair papilla)

(   )에 모세혈관과 신경이 연결되어 있어 산소와 영양분을 공급받아 모모세포에게 전달한다.

(4) 모모세포(hair matrix)

(   )는 모유두를 덮고 있으며 모유두로부터 영양분을 공급받아 세포분열과 증식을 통해 성장하게 된다.

(5) 색소형성세포(melanocytes)

(   )인 멜라닌 세포는 모발의 색을 결정하는 멜라닌 색소를 만들어낸다. 멜라닌 색소의 입자가 크고 많으면 흑발 또는 갈색 모발이 되고 멜라닌 색소의 입자가 작고 양이 적으면 금발 또는 붉은색 모발이 된다.

(6) 피지선

(   )은 모낭벽에 붙어 있으며 피지를 분비하여 수분과 함께 엷은 막을 만들어 두피의 건조를 막고 모발에 윤기와 부드러움을 준다.

(7) 기모근(입모근)

(   )은 입모근이라고도 하는데 모낭 윗부분 2/3 지점에 위치해 있는 근육으로 수축되면 털이 서는데 교감신경이라는 자율신경계에 영향을 받아 자신의 의지와 상관없이 자율적으로 조절된다. 기모근은 속눈썹, 눈썹, 코, 뺨, 입술 등에는 (   )이 존재하지 않는다.

(8) 아포크린선(대한선)

(   )은 대한선이라고 하는데 작은 나선형의 형태를 하고 있으며 모낭에 연결되어 땀을 분비한다. 겨드랑이 털이나 음모와 같이 특정 부위에 존재하며 점액질 땀을 분비하여 채취를 만들어내고 과다분비 되면 액취증(암내)이나 겨드랑이 냄새의 원인이 된다.

※ **모간 연상학습-그림으로 표현하시오.**

김밥의 형태를 그리시오.	모간의 형태를 그리시오.

2) 모 간(hair shaft)

(1) 모표피(hair cuticle)

(　　　　　)는 모발에서 10~15%를 차지하고 있으며 가장 바깥쪽에 있는 층으로 외적인 영향으로부터 모피질을 보호하고 수분 증발을 억제한다. 또한 기름과 친한 친유성으로 물과 약제의 침투와 작용에 대한 저항력이 있어 물은 통과할 수 없지만 수증기는 통과할 수 있다.

인종과 개인에 따라 5~15층으로 서로 겹쳐 있고 얇고 투명한 (　　　　　)가 80%는 겹쳐 있고 20%만 외부에 노출되어 마치 물고기의 비늘과 유사한 모양을 하고 있으며 한 번 손상되면 재생되지 못한다.

(　　　　　)는 3층으로 구성되어 있는데 가장 바깥층에서부터 에피큐티클(epicuticle), 엑소큐티클(exocuticle), 엔도큐티클(endocuticle)로 나눌 수 있다.

(　　　　　)은 화학약품인 펌제나 염모제에는 강하지만 빗질과 같은 물리적인 자극에는 약해 쉽게 부서지는 특징이 있어 염모제 도포 시 모표피를 팽윤·연화시키는 시간이 필요하고 샴푸, 드라이, 백콤 등과 같은 물리적인 자극으로 인해 모발이 쉽게 손상된다.

(　　　　　)은 시스틴 함량이 높아서 시스틴을 절단하는 화학약품인 펌제에 약한 특징이 있다.

(　　　　　)은 친수성으로 세포막 복합체(CMC/Cell Membrance Complex)라고 하며 양면 접착제와 같은 역할을 하여 표피세포와 피질세포를 서로 밀착시켜 이 층을 통하여 모피질의 수분이나 단백질이 용출되고 펌제나 염모제가 침투되는 통로이다.

(2) 모피질(hair cortex)

(　　　　　)은 모발에서 85~90% 정도 차지하고 있으며 모발 색을 결정하는 멜라닌 색소가 들어 있고 물에 쉽게 친화되는 특성이 있어 약제의 작용을 쉽게 받아 화학적 시술인 펌과 염색이 진행되는 중요한 부분이다. 각화된 피질세포와 피질세포 사이

에 세포 간 결합물질인 C-케라틴인 간층물질(matrix)이 서로 강하게 연결되어 있는데 화학적 시술 시 간층물질이 물에 녹아서 유출되면서 피질세포 간의 결합이 약해져 모발이 손상된다.

(3) 모수질(Hair Medulla)

모발의 중심 부위인 (　　　)은 벌집 모양과 비슷한 다각형 세포로 이루어져 있고 멜라닌 색소가 있으며 시스틴 함량이 모피질에 비해 낮은 편이다. 굵은 모발에는 (　　　)이 많아서 퍼머넌트 웨이브가 강하게 형성되고 가는 모발에는 (　　　)이 거의 없어서 퍼머넌트 웨이브 형성이 어렵다고 알려져 있다.

Chapter 1. 모발의 이해

모발 구조 - 마인드 맵 그리기

3. 모발의 결합

1) 주쇄 결합(Polypeptide)

모발은 아미노산으로 구성되어 있으며 14~18% 시스틴(cystine)을 함유한 케라틴인 경단백질이다.

모발을 구성하는 아미노산은 산성을 띠는 음이온의 카르복실기(-COOH)와 알칼리성을 띠는 양이온의 아미노기(-NH$_2$)로 구성되어 있다. 아미노기(-NH$_2$)와 카르복실기(-COOH)가 반응하여 물(H$_2$O)로 탈수되고 -CO, -NH가 연결되어 펩티드가 형성되고 펩티드가 반복하여 길게 연결되면서 (   )인 폴리펩티드가 형성된다.

2) 측쇄 결합

모발은 폴리펩티드의 측쇄와 인접한 폴리펩티드의 측쇄가 연결되어 수소 결합, 이온 결합, 펩티드 결합, 시스틴 결합을 형성하여 단단해지는 반면 인접한 측쇄 결합이 절단되어 모발 내부 구조의 균형이 깨지면서 손상된다.

(1) 시스틴 결합(황결합)

(   )은 측쇄 결합 중 가장 강한 결합으로 물이나 약산에는 절단되지 않지만 열, 알칼리, 환원제에 의해 절단되는 특징을 가지고 있다. (   )은 환원제인 치오글리콜산(Thioglycolic Acid)과 시스테인(Cysteine)에 의해 절단되는데 이를 이용한 제품이 펌제이다.

(2) 염결합(이온결합)

(   )은 산성 아미노산의 카르복실기(COO-)와 염기성 아미노산의 아미노기(NH$_3$-)가 가까이 위치하면서 생긴 결합으로 pH 4.5~5.5인 모발의 등전점에서 매우 강하지만 등전점에서 벗어난 산성 또는 알칼리 상태에서 매우 약해지는 결합이다.

(3) 수소결합

(   )은 주쇄 결합의 산소(O)와 수소(H)가 잡아당기는 힘에 의해 생기는 결합으로 측쇄 결합에서 가장 약한 결합이지만 가장 많이 존재하여 모발 성질에 영향을 준다. 모발이 물에 젖게 되면 수소결합이 절단되고 다시 건조되면 재결합 된다.

(4) 펩티드 결합

(   )은 주쇄를 형성하는 결합과 동일한 결합으로 측쇄에서 형성되는 펩티드 결합의 수는 적지만 매우 강해서 강산, 강알칼리에 의해서 절단된다.

※ **주쇄 결합, 측쇄 결합 연상학습-그림으로 표현하시오.**

주쇄 결합	측쇄 결합

4. 모발과 pH (Power of Hydrogen ions)

수소이온농도 지수인 (　　　　)는 물질의 산성이나 알칼리성의 정도를 나타내는 수치로 pH 7은 중성, pH 7 이하는 산성, pH 7 이상은 알칼리성이다.

모발의 (　　　　)는 모발 내에 함유된 물질인 수분의 pH를 의미하는 것으로 모발의 (　　　　)가 4.5~5.5 약산성을 띠면 건강한 모발 상태를 유지하게 된다. 모발의 (　　　　)가 강산성 상태가 되면 모발이 수축·응고되면서 딱딱하게 변화되고 (　　　　) 10 이상의 알칼리성 상태가 되면 모발이 팽윤·연화되면서 손상된다.

5. 모발의 등전점(isoelectric point)

pH 4.5~5.5는 모발의 (　　　　)이라고 하는데 양이온과 음이온이 동일하여 전기적인 성격이 나타나지 않아 모발이 안정적인 상태를 의미한다. 모발은 (　　　　) 이하가 되면 수산화 이온(OH-)보다 수소 이온(H+)이 많아지면서 양이온을 띠게 되고 모발이 (　　　　) 이상이 되면 수소이온(H+) 보다 수산화이온(OH-)이 많아지면서 음이온을 띠게 된다. 그래서 알칼리성 염모제를 모발에 도포하면 모발은 음이온을 띠게 되고 산성 염모제를 모발에 도포하면 모발은 양이온을 띠게 된다.

Chapter 1. 모발의 이해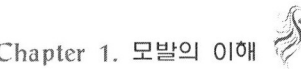

※ 모발의 등전점, 염모제 pH, 탈색제 pH 표현하시오.

Chapter 2
색의 이해

1. 파란색, 노란색, 빨간색 산성 염모제를 이용하여 1차색, 2차색, 3차색을 만들어 보자.

1) 1차색

(   ) 또는 삼원색은 여러 색을 혼합하여 만들 수 없고 분해할 수 없는 색을 의미한다.

색의 삼원색은 (   ), (   ), (   )이다. 삼원색을 모두 혼합하여 (   )을 만들 수 있다.

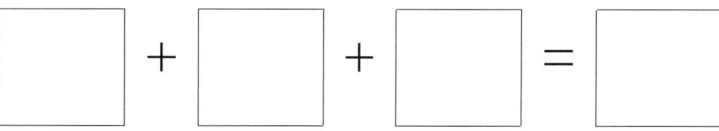

2) 2차색

(   )은 1차색을 1 : 1 로 혼합하여 만든 색이다.

1차색 산성 염모제와 1차색 산성 염모제를 혼합하여 2차색을 만들 수 있다.

| 파란색 | + | 노란색 | = | | | 노란색 | + | 빨간색 | = | | | 빨간색 | + | 파란색 | = | |

3) 3차색

(　　　　)은 1차색과 2차색을 1 : 1 로 혼합하여 만든 색이다.

1차색 + 2차색	혼합	3차색
파랑(1차색) + 초록(2차색)	1 : 1	파란계열의 (　　　　)
파랑(1차색) + 보라(2차색)	1 : 1	파란계열의 (　　　　)
노랑(1차색) + 초록(2차색)	1 : 1	노란계열의 (　　　　)
노랑(1차색) + 주황(2차색)	1 : 1	노란계열의 (　　　　)
빨강(1차색) + 주황(2차색)	1 : 1	빨간계열의 (　　　　)
빨강(1차색) + 보라(2차색)	1 : 1	빨간계열의 (　　　　)

2. 빨간색, 파란색, 노란색 산성 염모제를 이용하여 색상환을 만들어 보자.

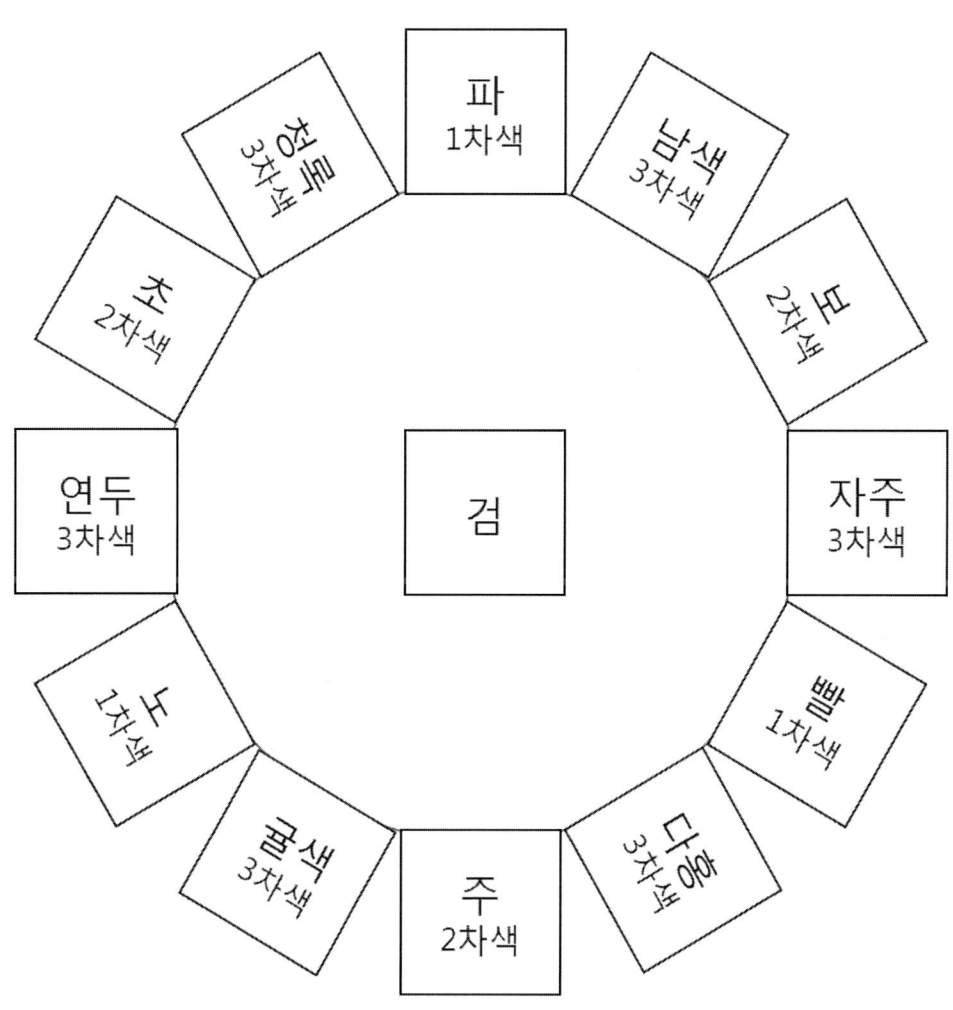

3. 빛과 색

빛은 일반적으로 (   )을 의미하는데 인간의 눈으로 볼 수 있는 (   )의 파장은 380~780nm이다.
(   ) 영역만 볼 수 있는 이유는 인간의 시각 색소는 (   )의 파장만을 흡수할 수 있기 때문이다.
빛을 프리즘에 통과시키면 장파장인 빨간색은 가장 적게 굴절되고 단파장인 보라색은 가장 많이 굴절되어 보인다. 이처럼 색의 파장에 따라 빨강, 주황, 노랑, 녹색, 파랑, 남색, 보라 순으로 색이 구분되는데 이를 스펙트럼(spectrum)이라고 한다.
(   )보다 파장이 짧은 자외선(   ), (   )보다 파장이 긴 적외선(열선)이 있는데 모발에 영향을 미치는 빛은 적외선과 자외선이다. 열선인 적외선과 화학선인 자외선이 모발에 과다하게 노출되면 열이 발생되면서 모발 내 측쇄 결합이 절단되면서 모발 케라틴이 변성을 일으켜 손상된다.

4. 물체의 색

물체 표면에 빛이 닿았을 때 어떤 파장의 빛이 반사되는가에 따라 (   )이 결정된다. 빛이 물체에 닿으면 가시광선의 파장이 분해되어 물체의 특성에 따라 어떤 특정 범위의 파장만 반사하고 나머지는 흡수하거나 투과하게 되면서 색이 표현된다.
빛이 물체에 닿아 모두 반사하면 흰색이 되고 모든 빛을 흡수하면 검정색이 된다.

물 체		물체의 색
파란바다	⇒	( )
노란풍선	⇒	( )
빨간장미	⇒	( )

5. 광원

인간의 눈은 태양의 백색광에 적응되어 색이 고정되었다고 믿기 쉬우나 사실 빛에 의해 결정된다.

광원에 따라 같은 색도 달리 보이는데 (   )은 모든 영역의 파장이 물체에 골고루 분광되어 물체의 색이 그대로 재현되어 보인다. (   )은 장파장 계열의 빛을 방출하여 물체의 색이 붉은색으로 가미되어 보이고 (   ) 단파장 계열의 빛을 방출하여 물체의 색이 푸른색으로 가미되어 보인다.

장파장 계열의 빛을 방출하는 (   ) 아래서는 난색 계열의 색인 빨간색, 주황색, 노란색이 선명하게 보이지만 한색 계열의 색인 파란색, 녹색은 칙칙해 보인다. 단파장 계열의 빛을 방출하는 (   ) 아래서는 한색 계열의 색인 파란색, 녹색은 선명해 보이지만 난색 계열의 색인 빨간색, 주황색, 노란색은 칙칙해 보인다.

6. 눈의 구조와 작용

인간의 (   )에 빛이 들어오면 눈의 망막에 있는 시세포들이 물체의 색, 모양, 명암에 대한 정보를 뇌로 보내고 이를 토대로 전체적인 형태를 구성한다.

1) 눈꺼풀

눈꺼풀은 눈 위를 덮는 피부로 눈의 표면인 각막을 보호한다. (   ) 끝에는 속눈썹이 있고 각막에 먼지를 찾아내는 신경과 눈물을 분비하는 눈물샘이 있어 안구를 세정한다.

2) 각막

(   )은 투명한 막으로 되어 있고 눈으로 들어온 빛을 굴절시켜 초점을 만들고 외부로부터 눈을 보호하는 역할을 한다.

Chapter 2. 색의 이해

3) 수정체

(   )는 각막과 함께 외부에서 들어온 빛을 굴절시켜 망막에 선명한 상이 맺히도록 하는 역할을 한다.

4) 홍채

(   )는 도넛 모양을 하고 있으며 수축과 이완을 통해 동공 크기를 조절하여 빛의 양을 조절하는 역할을 한다.

5) 망막

(   )은 상이 맺히는 부분으로 망막에 있는 시세포인 간상체와 추상체에 의해 물체의 색이 구별된다. 간상체(원추세포)는 어두운 곳에서 작용하며 명암을 판단하고 추상체(간상세포)는 밝은 곳에서 작용하며 색을 판단하는 역할을 한다.

눈의 구조	역 할
( )	각막 보호
( )	빛을 굴절시켜 초점을 만듦
( )	빛을 굴절시켜 망막에 선명한 상이 맺도록 함
( )	빛의 양에 따라 동공 크기 조절
( )	상이 맺히는 부분으로 시세포인 간상체와 추상체로 명암과 색을 판단

7. 색의 삼요소 (색의 삼속성)

1) 색상(Hue)

(   )은 색을 구별하기 위한 이름으로 "H"로 표시되며 무채색을 제외한 모든 색에는 (   )이 있고 빨간색, 파란색, 녹색, 보라색 등으로 불러진다.

2) 명도(Value)

(   )는 색의 밝기(명암)를 나타내는 것으로 "V"로 표시되며 무채색(흰색, 회색, 검정색) 및 유채색 모두 명도를 가지고 있다. (   )는 11단계로 나눠지는데 가장 어두운 검정을 명도 0 이고 가장 밝은 흰색을 명도 10으로 표시한다.

3) 채도(Chroma)

(   )는 색의 선명하고 탁한 정도를 의미하는데 "C"로 표시되며 14단계로 구분한다. (   ) 1은 채도가 아주 낮은 색인 탁한 색이고 (   ) 14는 채도가 가장 높은 순수한 색인 순색으로 유채색에 무채색을 섞으면 채도는 낮아진다.

4) 색입체

색의 삼요소인 색상, 명도, 채도를 입체적인 3차원 공간 속에서 계통적으로 배열한 것을 (   )라고 한다. (   )는 달걀모양 구조로 만들어져 있는데 공모양의 완전한 구형이 되거나 원통형이 되지 않은 것은 각 색상 및 명도별로 채도의 단계가 동일하지 않기 때문이다.

색상은 가운데의 무채색을 중심으로 둘레에는 여러 가지 색상들이 배치되어 있으며 명도는 아래에서 위로 올라갈수록 명도가 높아지고 채도는 중심축에서 멀어질수록 채도가 높아진다.

8. 색의 혼합

1) 감산혼합

(   )은 마이너스(-) 혼합이라고 하는데 염모제의 혼합이 이에 해당된다. 혼합 전 물감 색의 명도보다 혼합 후 물감 색의 명도가 낮아진다. 염모제 역시 물감의 일종으로 혼합하는 색이 많아질수록 명도도 낮아지고 채도도 떨어지면서 색이 탁해진다. 1차색을 혼합하면 2차색을 얻을 수 있지만 2차색은 1차색에 비해 명도 및 채도가 모두 낮아지게 된다.

2) 가산혼합

(   )은 플러스(+) 혼합이라고 하는데 빛의 혼합이 이에 해당된다. 빛의 삼원색은 빨간색, 녹색, 청자색이며 빛은 혼합하기 전 명도보다 혼합 후 명도가 높아지고 밝아진다.

Chapter 2. 색의 이해

| (   )의 혼합 | (   )의 혼합 |

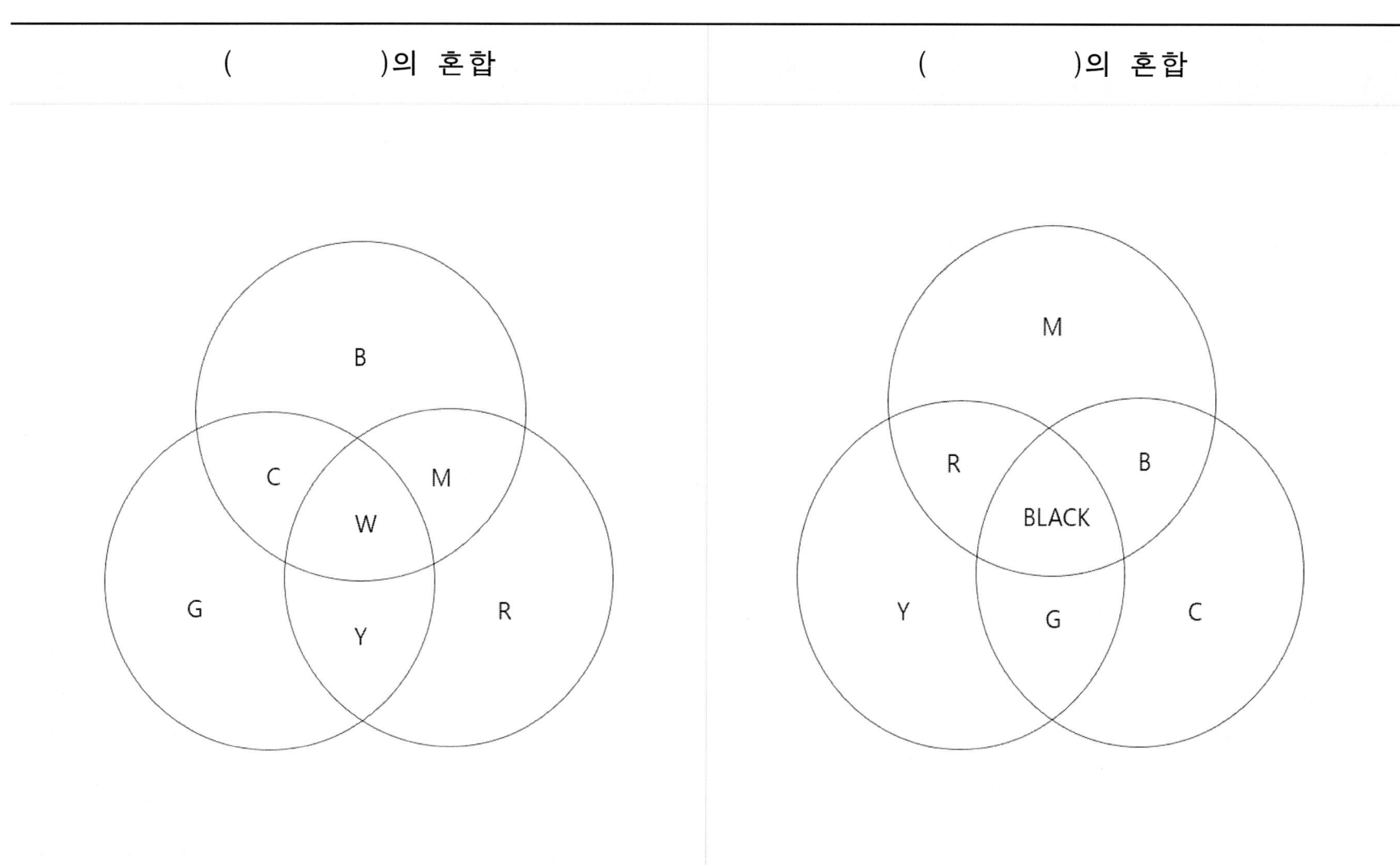

Chapter 3
일시적 염색(temporary hair coloring)

1. 일시적 염색 실습

헤어 칼라 스프레이로 탈색 헤어피스, 검은색 헤어피스에 염색하는 경우 모발의 색상과 밝기의 변화를 살펴본다.

미용 염색 재료와 도구

탈색 헤어피스 4개, 검은색 헤어피스 4개, 칼라 스프레이 2가지 색상, 샴푸, 린스, 수건 2장, 드라이기, 랩 또는 호일

---

1. 일시적 염모제인 헤어 칼라 스프레이 2가지 색상을 탈색 헤어피스 4개, 검은색 헤어피스 4개에 색상별로 각각 도포한다.
2. 일시적 염모제인 칼라 스프레이가 도포된 탈색 헤어피스 4개, 검은색 헤어피스 4개가 건조할 때까지 방치한다.
3. 각 색상별로 염색이 된 탈색 헤어피스 2개, 검은색 헤어피스 2개만 샴푸한다.
4. 탈색 헤어피스, 검은색 헤어피스에 헤어칼라 스프레이 색상이 모두 지워졌는지를 확인한다.
5. 샴푸를 한 모발과 하지 않은 모발의 색상변화를 확인하고 색상 차트를 작성한다.
6. 고객의 의상에 맞춰 칼라 스프레이 색상을 선택한 후 염색을 시술한다.

칼 라 차 트 (COLOR CHART)

학 번 :   성 명 :   실 습 일 자 :   2 0 2   년   월   일

1. 염모제 1 제 :	3. 시술 전 모발 색상 :
2. 염모제 2 제 :	4. 시술 후 모발 색상 :
분 석 결 과 :	

Chapter 3. 일시적 염색

고객의 의상 색에 맞춰 헤어 칼라 스프레이 선택하여 시술한다. 시술 순서에 맞도록 사진을 붙이고 설명하시오.

Chapter 3. 일시적 염색

2. 모발에 헤어 칼라스프레이를 사용하여 염색을 하였다. 모발의 변화를 그림으로 표현하고 팀원에게 설명한다.

염색 전   염색 후

■ 멜라닌 색소   ● 염료

일시적 염색의 원리를 간단하게 작성하시오.

3. 일시적 염모제의 특징

1) 샴푸하면 쉽게 지워진다.

(   )는 모발 표면에 침전은 되지만 모피질 속으로 침투하지 못하는 고분자량의 색소 제품으로 모발 구조나 색을 변화시키지 못한다. 일시적 착색만 가능하여 1~2회 샴푸로 색상이 지워지고 땀이나 마찰로 인해 색소가 쉽게 떨어져서 지워진다. 다공성 모발인 경우 오래 지속되는 경우도 종종 있다.

2) 자주 사용해도 모발손상이 없다.

(   )는 과산화수소나 암모니아가 들어 있지 않아서 모발 내부까지 염모제가 침투하지 못한다. 일시적 염모제에 사용되는 안료와 수지가 모발 표면에 막을 형성하여 착색되면서 자주 염색을 해도 모발이 건조해지거나 손상되지 않는다.

3) 모발 색을 다양하게 연출할 수 있고 흰머리 염색이 가능하다.

(   )는 의상 색상에 맞춰 모발 색을 다양하게 연출할 수 있고 여러 가지 색상으로 하이라이트를 줄 수 있으며 흰머리를 일시적으로 커버할 수 있다. 헤어 마스카라, 헤어 칼라무스, 헤어 칼라 젤, 헤어 칼라 크레용, 헤어 칼라 스프레이가 사용된다.

4) 사용방법이 간단하다.

(   )는 화학적인 작용을 거치지 않고 바로 사용이 가능하고 사용방법이 매우 간단하다.

일시적 염색의 장점 및 단점을 각각 적으시오.

일시적 염색의 장점	일시적 염색의 단점

4. 일시적 염색의 원리

일시적 염색의 원리는 물에 녹지 않는 색소인 (　　　　)를 수지(resin)에 혼합하여 모발 표면인 모표피에 일시적으로 부착시켜 염색을 하는 것이다. 일시적 염모제에 사용되는 (　　　　)는 색소 입자가 커서 모표피 내부로 침투하지 못해 접착 능력이 있는 수지에 혼합하여 일시적으로 모발 표면에 부착시켜 염색을 하기 때문에 물리적 자극이나 1-2회 샴푸에 의해 쉽게 지워진다.

> 염모제의 종류에 따라서 염료의 색소인 염료와 안료가 사용된다.
> 일시적 염모제는 안료가 사용되고 반영구적 염모제와 영구적 염모제에는 염료가 사용된다. 안료(pigment)는 물과 기름에 녹지 않고 가루인 채로 물체 표면에 불투명한 유색막을 만들고 염료(dye)는 물과 기름에 녹아 모발과 섬유의 분자와 결합하여 착색된다.

Chapter 3. 일시적 염색

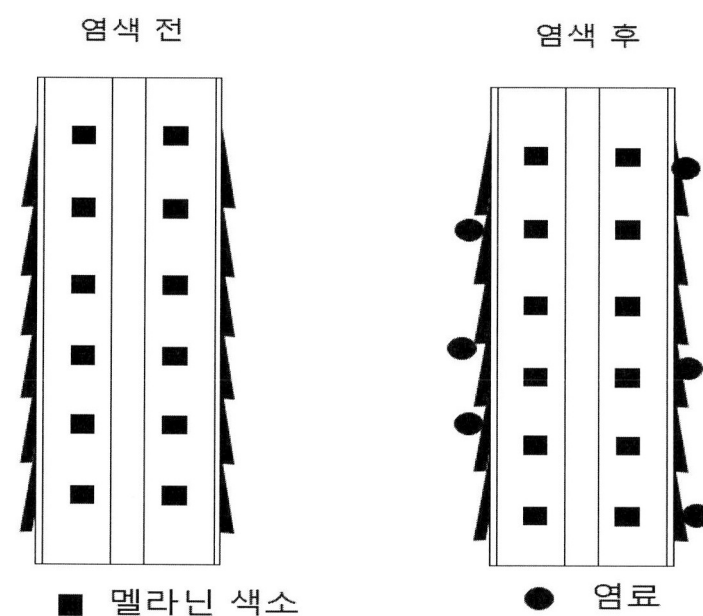

5. 일시적 염모제의 종류

1) 컬러린스(Color rinse)

(　　　　)는 모발 표면에 색을 부착시키기 위해 물과 혼합된 염모제를 린스제 대신 사용하여 다음 샴푸할 때까지 일시적으로 색상이 유지된다.

2) 헤어 컬러 스프레이(Hair color sprays)

(   )는 에어졸 타입의 착색제로 모발의 화학적인 변화를 일으키지 않으면서 색상을 변화시킬 수 있는 염색 제품으로 부분 사용보다 전체적으로 사용하는 것이 편리하다. 사용 시 색소의 혼합을 위해 충분히 흔들어 사용해야 하고 반복 사용하면 색이 진해지고 선명해져 원하는 스타일에 맞춰 색상 조절이 가능하다.

3) 헤어 컬러 마스카라(Hair color mascara)

(   )는 속눈썹에 사용되는 마스카라의 형태와 동일하고 헤어스타일 연출 시 부분적으로 색상을 입히고 싶을 때 사용된다.

4) 헤어 컬러 크레용(Hair color crayon)

(   )은 비누나 합성 왁스를 혼합해서 착색시킨 막대 모양의 제품으로 모발에 직접 문지르거나 또는 염색 붓을 사용하여 부분 염색이나 흰머리 부분 염색 등에 주로 사용된다.

6. 일시적 염색 시술 방법

1) 고객이 가운을 착용할 수 있도록 도와드린다. 착용한 액세서리를 몸에서 제거할 수 있도록 안내한다.
2) 고객과의 상담을 통해 염색 색상을 결정한다.
3) 염색용 타월이나 케이프를 어깨에 두른다.
4) 염색 시술 재료와 도구를 준비한다.

미용 염색 재료와 도구

5) 일시적 염모제인 헤어 칼라 스프레이를 도포한다.

(1) 헤어 칼라 스프레이 사용 시 색소의 혼합을 위해 충분히 흔들어 사용한다.

(2) 반복 사용하면 색이 진해지고 선명해져 원하는 색상으로 조절할 수 있다.

(3) 헤어 칼라 스프레이를 집중 도포하면 모발에 얼룩이 질 수 있어 조심해서 사용해야 한다.

6) 일정 시간 방치 후 헤어스타일을 마무리한다.

Chapter 4
산성 헤어칼라

1. 산성 헤어칼라 실습

산성 칼라로 탈색 헤어피스, 검은색 헤어피스에 염색하는 경우 모발의 색상과 밝기의 변화를 살펴본다.

미용 염색 재료와 도구
탈색 헤어피스 7개(견본피스 1개 포함), 검은색 헤어피스 7개(견본피스 1개 포함), 색상별 산성염모제(빨간색, 파란색, 노란색) 1개, pH 컨트롤러, 염색붓, 염색볼, 전자저울, 샴푸, 산성린스, 수건 2장, 드라이기, 랩 또는 호일, 타이머, 각 회사별 색상차트

1. 탈색 헤어피스 6개, 검은색 헤어피스 6개에 pH 컨트롤러를 도포한다.
2. 1차색인 (   ), (   ), (   )을 준비하고 1차색 산성염모제를 혼합하여 2차색인 (   ), (   ), (   )을 만든다.
3. 탈색 헤어피스 6개, 검은색 헤어피스 6개에 1차색, 2차색 산성염모제를 색상별로 각각 도포한다.
4. 가온기를 이용하여 15~20분 정도 가온처리 한다.
5. 5~10분 자연방치 후 염색 결과를 확인하기 위해 칼라 테스트를 실시한다.(각 제품회사에서 나온 사용설명서 참조)
6. 염색 전용 샴푸제를 사용하여 샴푸한 후 산성린스를 한다.
7. 염색된 탈색 헤어피스 6개, 검은색 헤어피스 6개와 견본 헤어피스를 비교하여 색상변화를 확인한 후 칼라차트를 작성한다.

칼 라 차 트 [COLOR CHART]

학 번 :　　　　　　성 명 :　　　　　　　　　　실 습 일 자 : 2 0 2   년   월   일

1. 염모제 1 제 :

2. 염모제 2 제 :

분 석 결 과 :

3. 시술 전 모발 색상 :

4. 시술 후 모발 색상 :

Chapter 4. 산성 헤어칼라

2. 산성 헤어칼라의 원리를 순서에 맞도록 찾아보고 팀원에게 산성염모제의 원리를 설명한다.

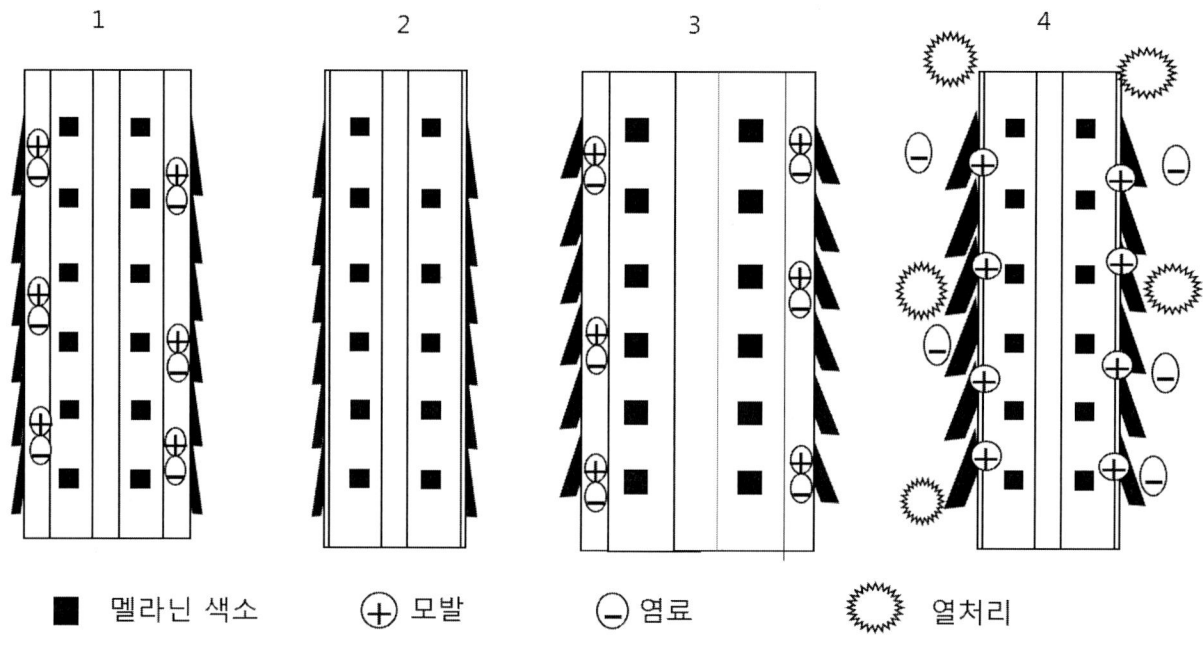

1. 산성 헤어컬러 원리 순서 (가: 나: 다: 라:)
2. 산성 헤어칼라 원리를 간단하게 작성하시오.

3. 산성 헤어 칼라의 특징

1) 모발 손상이 거의 없다.

약산성 제품인 (　　　　　)는 코팅 칼라, 헤어 매니큐어라고도 하며 1 제로만 구성되어 있고 비교적 시술 방법이 간단하다. (　　　　　)는 산화 염색에 비해 색상 지속력이 떨어지고 반복 시술하면 모발이 건조해지고 뻣뻣해진다는 단점은 있지만 모발 색을 변화시키지 않으면서 모발에 윤기와 색을 더해주고 모발이 손상되지 않는다는 장점을 가지고 있다.
(　　　　　)는 알레르기를 일으키지 않아 패치 테스트(Patch Test)를 실시하지 않아도 된다.

2) 4~6주 정도 염색이 지속된다.

(　　　　　)의 지속기간은 4~6주 정도이며 샴푸 할 때마다 색상이 조금씩 빠져 6주 후에는 신생모의 색상과 차이가 거의 나지 않는다. 또한 모발이 많이 손상되었거나 샴푸 횟수가 잦을수록 염색의 지속기간은 더 짧아진다.

3) 탈색 모발에 하이라이트를 줄 수 있지만 모발 색을 밝게 할 수 없다.

(　　　　　)의 구성 성분에는 암모니아나 산화제가 없어서 모피질 내 멜라닌 색소를 파괴시킬 수가 없어 모발을 밝고 선명한 색으로 염색할 수는 없지만 탈색된 모발에는 다양한 색상으로 하이라이트를 줄 수 있다.

4) 흰머리 양이 25% 이하인 경우 사용한다.

(　　　　　)는 흰머리의 양이 25% 이하이거나 자연 모발색에 영향을 미치지 않으면서 흰머리를 감추거나 부분적으로 조화시키려 할 때 주로 사용된다. 흰머리의 양이 25% 이상인 경우 (　　　　　)보다는 산화염색을 선택하여 염색하는 것이 더욱 효과적이다.

5) 두피에 묻으면 지워지지 않는다.

( )는 두피의 단백질과 이온결합 하여 염착이 되기 때문에 두피에 묻으면 잘 지워지지 않는다. 염색 시술 시 두피나 손에 묻지 않도록 주의해서 시술한다.

4. 산성 헤어칼라의 종류

1) 산성 헤어칼라

( )에 사용되는 산성염료인 타르계 색소는 선명한 색을 지닌 염료로 색상이 매우 다양하다. ( ) 염색 시 이온결합과 열에 의해서 모발 표면에 유색의 얇은 막이 형성되면서 염색이 되는데 지속기간은 4~6주 정도이다.

2) 헤어 매니큐어

헤어 매니큐어는 ( )에 비해 색소의 함량이 적지만 모발에 윤기를 주는 수지 성분이 다량 함유되어 있다.
염색의 원리는 이온결합과 열에 의해서 이루어지는데 산성 헤어칼라 시술 방법과 동일하다.

5. 산성 헤어컬러의 원리

1) 이온결합에 의해 염색이 된다.

( ) 염색의 원리는 이온결합으로 모발의 양이온과 염모제의 음이온이 서로 결합하여 염색이 된다.
pH가 등전점 이하로 떨어지면 모발은 양이온을 띠게 되고 음이온을 가진 염모제를 사용해 염색을 하게 되면 모발의 양이온과

Chapter 4. 산성 헤어칼라

염모제의 음이온이 서로 이온결합되면서 염색이 된다.

모발을 구성하는 아미노산은 전기적으로 양이온과 음이온의 양쪽 성질을 모두 가지고 있다. 모발의 등전점인 pH 4.5~5.5에서는 양이온과 음이온이 동일하여 전기적인 성격이 나타나지 않는다.

등전점 이하인 산성 상태에서는 모발이 양이온을 띠어 음이온을 가진 산성염모제 도포 시 이온결합을 하여 염색이 잘 되지만 등전점 이상인 알칼리 상태에서는 모발이 음이온을 띠어 음이온을 가진 산성염모제 도포 시 이온결합이 되지 않아서 염색의 효과가 떨어지게 된다.

산성 염모제 도포 전 pH 조절제를 사용하여 미리 모발을 양이온으로 하전 시킨 후 음이온을 가진 산성염모제로 염색을 하게 되면 이온결합이 더 단단해지면서 염색의 효과가 상승된다.

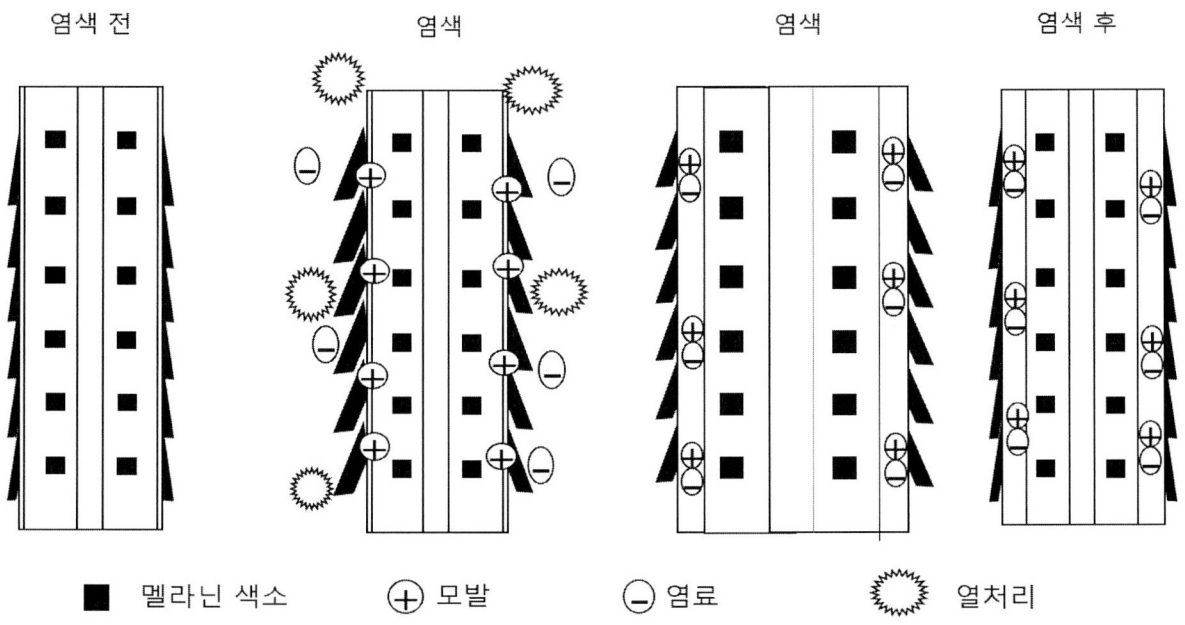

2) 가온 처리에 의해 염색이 된다.

(   ) 염색의 원리는 가온 처리이다.

pH 3 산성염모제를 모발에 도포하면 모발이 수축, 응고되어 염모제가 모표피와 모피질의 얕은 곳까지 침투하지 못한다. 산성 염모제를 모표피와 모피질의 얕은 곳까지 침투시키기 위해 모표피를 팽윤시키고자 가온기를 사용하여 가온처리 한다.

6. 산성 헤어칼라 시술 방법

1) 샴푸 후 모발을 건조시킨다.

(   ) 염색 전 샴푸를 해야 하는 이유는 모발에 묻어있는 기름기나 불순물로 인해 산성 헤어칼라가 모발 내로 침투하지 못해 염색이 되지 않아 얼룩이 질 수 있기 때문이다.

모발이 물 또는 알칼리 용액에 젖게 되면 음이온으로 하전 되어 산성 염료 보다 염기성 염료에 쉽게 결합 된다.

모발에서 수분을 제거하고 pH 조절제를 사용하여 산성 처리하여 모표피를 양이온으로 하전 시킨 후 음이온을 가진 산성염모제를 도포해야 이온결합이 쉽게 이루어져 성공적인 염색을 할 수 있다.

2) 4등분 블로킹 후 산성 염모제를 도포한다.

4등분으로 블로킹한 후 산성 염모제를 도포하는데 두상의 온도에 영향을 받지 않아 편한 부분부터 시술을 해도 무방하지만 작업의 편의를 위해 네이프 부분부터 시작한다.

(   )가 피부에 묻으면 잘 지워지지 않아 두피에서 0.5cm 정도 띄우고 네이프 부분부터 염모제를 도포한다. 흰머리 염색 역시 동일한 방법으로 시술한다. (   )는 모발 표면을 코팅해서 윤기를 내는 효과는 있지만 멜라닌 색소를 파괴할 수 없어서 밝은 색으로 염색을 할 수 없다.

3) 가온처리 한다.

(　　　　　　)는 15~20분 정도 가온 처리를 하여 모표피를 열어 주어야 모표피와 모피질의 얕은 곳까지 염모제가 소량 안착이 가능하다.

(　　　　　　) 도포 후 비닐 캡을 씌우고 가온 처리를 해 주는데 비닐 캡을 씌우는 목적은 공기나 열에 의해서 산성염모제가 건조되어 얼룩이 질 수 있어 사용한다.

4) 자연방치 한다.

가온 처리가 끝나면 자연 방치하여 열을 식혀 준다. 팽윤되었던 모발이 원래의 모발 상태로 되돌아가면서 색소도 자리를 잡아 색상 지속력도 좋아지고 코팅 효과도 강화된다.

5) 물로 염모제를 먼저 제거한 후 샴푸 한다.

(　　　　　　)는 피부에 묻으면 잘 지워지지 않아 샴푸 시 특히 주의해야 한다. 모발에 도포된 염모제를 씻어내지 않은 상태에서 바로 샴푸 테크닉이 들어가게 되면 두피나 얼굴 등에 염모제가 묻을 수 있어 주의해야 한다.

Chapter 5
산성 헤어칼라 실습

1. 산성 헤어칼라 실습

산성 헤어칼라를 처음 하는 고객이 본인의 모발 색보다 밝은 색으로 염색을 희망하고 모발 길이는 20cm 보다 길다. 염색의 가능 여부를 확인하고 염색에 필요한 재료 및 도구를 준비하고 시술 순서를 계획하여 작성하시오.

미용 염색 재료 및 도구

색상별 산성염모제(빨간색, 파란색, 노란색) 1개, pH 컨트롤러, 염색붓, 염색볼, 전자저울, 샴푸, 산성린스, 수건 2장, 드라이기, 랩 또는 호일, 타이머, 각 회사별 색상차트

1.
2.
3.
4.
5.
6.
7.
8.

Chapter 5. 산성 헤어칼라 실습

산성 헤어칼라 시술 순서에 맞도록 사진을 붙이고 설명을 간단히 적으시오.

Chapter 5. 산성 헤어칼라 실습

2. 산성 헤어칼라의 원리를 순서에 맞도록 찾아보고 팀원에게 산성염모제의 원리에 대해서 설명한다.

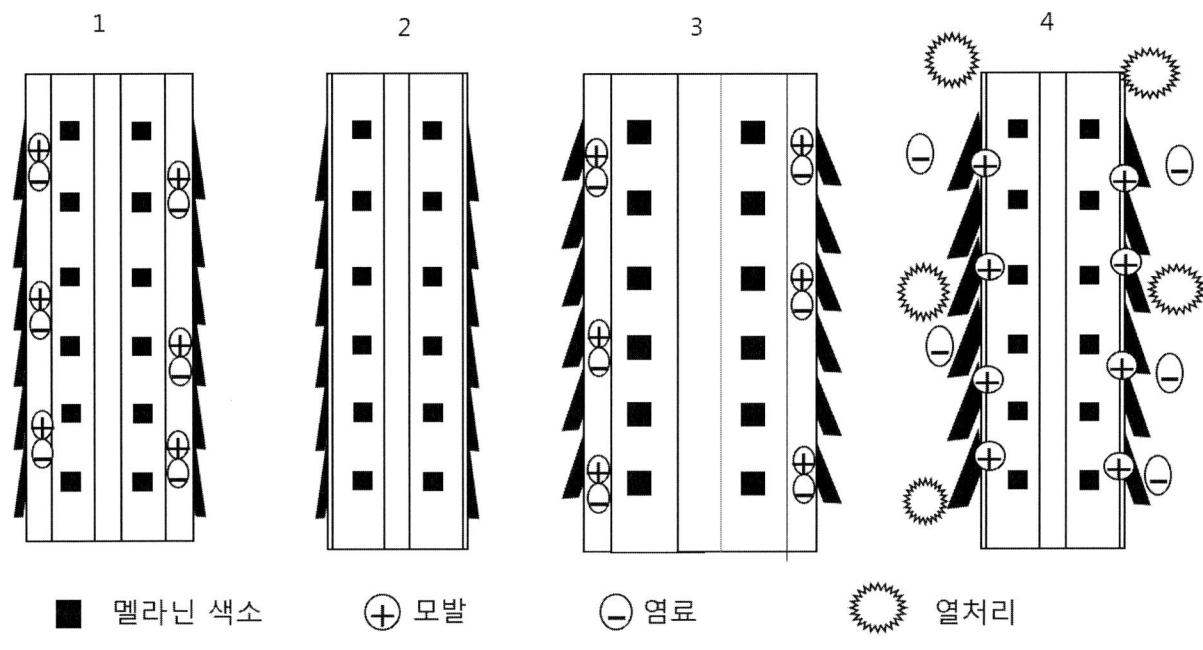

■ 멜라닌 색소   ⊕ 모발   ⊖ 염료   ✺ 열처리

1. 산성 헤어컬러 원리 순서 - 가: 나: 다: 라:
2. 산성 헤어칼라 원리를 간단하게 작성하시오.

3. 산성 헤어칼라 시술 전 고객 상담 및 모발 진단

두피 및 모발 진단을 통해 시술 여부를 점검한다.

염색 시술 전 고객과 충분한 시간을 갖고 상담을 진행하고 모발의 명도단계를 체크하고 모발 상태, 피부 톤 등을 고려하여 염색 색상을 결정한다.

얼굴이 흰 경우, 모든 색이 무난하게 잘 어울리는 편이고 특히 동양인에게는 브라운과 블랙 계열이 잘 어울린다.

얼굴이 희고 큰 경우, 블루 블랙이나 어두운 칼라가 잘 어울리고 페이스 라인을 따라 어두운 색상이 들어가면 얼굴이 작아 보이는 효과가 있다.

얼굴이 검은 경우, 밝은 색상인 오렌지, 갈색이 잘 어울리고 검고 어두운 색상으로 염색하는 경우 얼굴이 더 어두워 보이기 때문에 피하는 것이 좋다.

4. 시술 준비

1) 고객이 가운을 착용할 수 있도록 도와드리고 착용한 액세서리를 몸에서 제거할 수 있도록 안내한다.
2) 린스제를 사용하는 경우 린스로 인해 모발에 유성 막이 형성되어 샴푸를 가볍게 실시한다.
3) 염색용 타월이나 케이프를 어깨에 두른다.
4) 염색 시술 재료와 도구를 준비한다.

염색 재료와 도구

산성염모제, 염색볼, 염색붓, 핀셋, 비닐캡 또는 랩, 미용장갑, 린스, 샴푸, 수건 2장, 드라이기, 타이머, 고객 가운, 고객카드, 페이스 보호크림

5. 4등분 블로킹으로 나눈다.

두상을 센터 파트(center part)와 이어 투 이어 파트(ear to ear part)로 (   )으로 나누고 이마와 귀 뒤 목덜미 부분에 페이스 보호 크림을 도포한다.

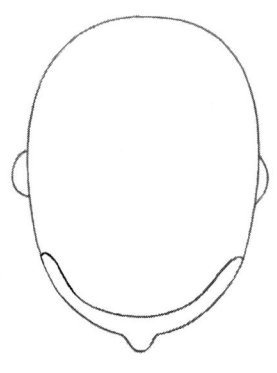
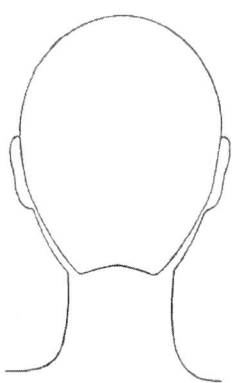

6. 원터치 기법으로 산성 헤어칼라를 도포한다.

1) 모발에 산성 헤어칼라 염모제의 이온흡착을 돕기 위해 산성제품인 pH 조절제를 사전 도포한다.

2) 산성 헤어칼라 도포는 시술의 편의를 위해 네이프(nape)에서 부터 시작한다. 섹션은 1~1.5cm 뜬 후, 두피에서 0.5cm 띄운 후 두피에 묻지 않도록 도포한다.

3) 모발 길이에 상관없이 모근부터 모선 끝까지 (   ) 기법으로 염모제가 흘러내리지 않도록 염색 붓이나 꼬리 빗을 사용하여 염모제를 도포한다. 모발 길이에 상관없이 염색의 진행 속도가 일정하여 (   ) 으로 염모제를 도포해도 전체적으로 균일한 모발 색을 얻을 수 있다.

염모제의 도포 순서는 네이프 부분 → 백 부분 → 탑 부분의 순으로 작업한다.

Chapter 5. 산성 헤어칼라 실습

4) 염모제 도포 후 공기나 열에 의해서 염모제가 건조되면 모발에 얼룩이 질 수 있어 랩이나 비닐 캡을 씌워준다.
5) 각 회사 제품마다 차이가 있으니 제품 설명서를 확인 후 시술한다. 열처리 시간은 약 15~20분 정도 소요된다.

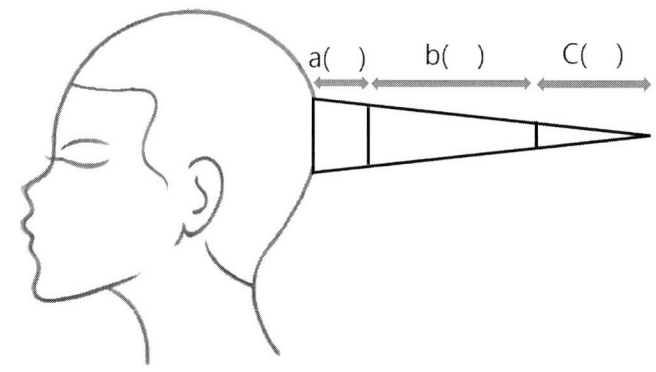

a( )   b( )   C( )

---

1. 염색 시술 순서 (   ) - (   ) - (   )
2. 염색 도포 기법 (   )

---

7. 비닐 캡을 씌워준 후 가온처리 한다.

각 회사 제품에 따라 차이는 있으나 (   )을 씌워준 후 약 15~20분 정도 (   )한다.
모발에 pH 3 산성 염모제를 도포하면 모표피가 수축·응고된다. 가온기를 사용하여 (   )하면 열에 의해 모표피가 열리면서 염모제가 모표피와 모피질 사이로 침투·흡착되면서 염색이 된다. 또한 공기나 열에 의해서 염모제가 건조되어 얼룩지지 않도록 하기 위해 (   )이나 랩 등을 사용해 준다.

8. 자연방치 한다.

가온 처리 후 5~10분 정도 (   ) 한다. 가온 처리하면서 팽윤된 모표피는 (   )를 통해 열이 식으면서 열렸던 모표피가 닫히게 되고 이로 인해 염모제의 색소가 모표피 안쪽에 자리를 잡게 되면서 색상 지속력이 좋아지고 코팅효과가 강화된다.

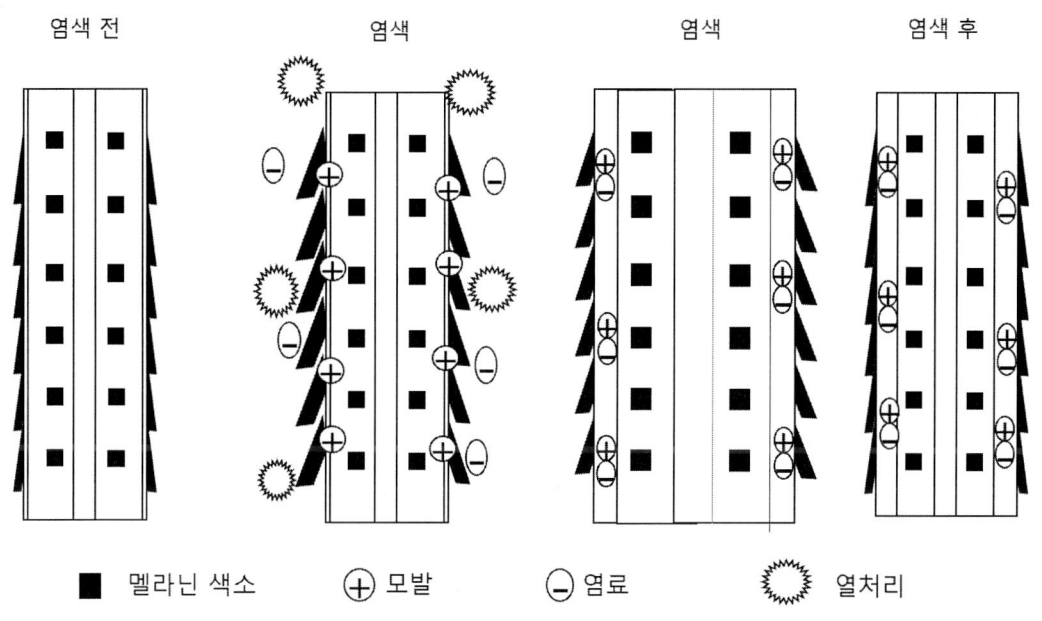

9. 칼라 테스트 실시한다.

(   )는 염색 진행 시 모발의 색상 변화를 확인하기 네이프나 정수리 부분의 머리다발을 약간 떠서 티슈로 닦은 뒤 모발 색의 변화를 관찰한다. 또는 두피 근처의 모발에 묻어있는 염모제를 꼬리빗의 꼬리 부분을 이용해서 염모제를 살짝 걷어낸 후 모발 색의 변화를 확인한다.

10. 염모제 제거 후 샴푸를 실시한다.

염색 전용 샴푸제를 사용해 모발 및 두피에 남아 있는 염모제를 깨끗하게 제거하기 위해 (   )를 실시한다. 모발에 도포된 염모제를 씻어내지 않은 상태에서 바로 (   )를 하게 되면 두피나 얼굴 등에 산성 염모제가 묻어 지워지지 않을 수 있어 주의해서 (   )를 해야 한다. 염색 후 모발의 손상 방지, 모발의 pH 조절, 염색 색상 유지를 위해 트리트먼트제를 사용해 마무리해준다.

11. 스타일을 마무리하고 고객관리 카드를 작성한다.

타월 드라이로 모발을 건조시킨 후 드라이를 사용하여 마무리 스타일링을 연출하고 염색 고객관리 카드를 작성한다.

염색 고객관리 카드<color>

성명		성별	남·여	직업		전화번호	
생년월일		메일주소		주소		담당 디자이너	
두피진단 & 상세내역				모발진단 & 상세내역			
특이사항							

염색 시술날짜	No.	1제 사용량(g)	2제 사용량(g)	작용시간 (열처리)	염색도포기법	희망색	흰머리양(%)	두피 및 모발 케어제품	가격
/									
/									
/									
/									
/									
/									
/									
/									

Chapter 5. 산성 헤어칼라 실습

고객관리 카드 <color>						
1	시술날짜		가격		제품사용	
진단내용						
스타일 상세내용						
상담 결과 & 특이사항						
2	시술날짜		가격		제품사용	
진단내용						
스타일 상세내용						
상담 결과 & 특이사항						

Chapter 6
보색 염색

1. 보색 염색 실습

보색 산성 헤어칼라를 혼합하여 색상과 명도의 변화를 살펴본다.

1. 산성염모제 1차색인 (   )색, (   )색, (   )색과 2차색인 (   )색, (   )색, (   )색을 준비한다.

2. 보색 산성칼라를 서로 혼합하여 보색중화 하시오.
   파란색 보색인 (   )색, 노란색 보색인 (   )색, 빨간색 보색인 (   )색, 주황색 보색인 (   )색, 초록색 보색인 (   )색, 보라색 보색인 (   )색을 혼합한다.

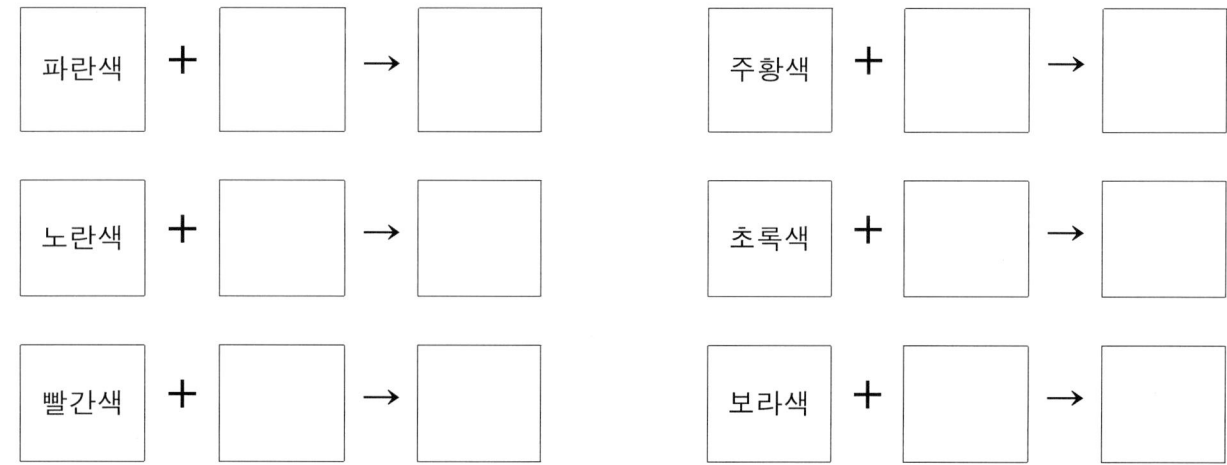

2. 보색 염색 실습

산성 헤어칼라로 탈색 헤어피스, 검은색 헤어피스에 보색 염색하는 경우 모발의 색상과 밝기의 변화를 살펴본다.

미용 염색 재료와 도구
탈색 헤어피스 7개(견본피스 1개 포함), 검은색 헤어피스 7개(견본피스 1개 포함), 색상별 산성염모제(빨간색, 파란색, 노란색) 1개, pH 컨트롤러, 염색붓, 염색볼, 전자저울, 샴푸, 산성린스, 수건 2장, 드라이기, 랩 또는 호일, 타이머, 각 회사별 색상차트

1. 파란색, 노란색, 빨간색, 주황색, 초록색, 보라색 산성 헤어칼라로 염색된 탈색 헤어피스 6개, 검은색 헤어피스 6개에 pH 컨트롤러를 도포한다.
2. 산성 헤어칼라로 염색된 탈색 헤어피스 6개와 검은색 헤어피스 6개에 보색에 해당되는 1차색, 2차색 산성 염모제를 각각 도포한다.
  파란색 보색인 (   ), 노란색 보색인 (   ), 빨간색 보색인 (   ), 주황색 보색인 (   ), 초록색 보색인 (   ), 보라색 보색인 (   ) 산성염모제를 도포한다.
3. 15~20분 가온처리 후 시술 후 염색 결과를 확인하기 위해 칼라 테스트를 실시한다.
4. 5~10분 자연방치 한다.(각 제품회사에서 나온 사용설명서 참조)
5. 염색 전용 샴푸제를 활용하여 샴푸한 후 산성린스를 해 준다.
6. 견본 헤어피스와 산성 헤어칼라로 처리된 탈색 및 검은색 헤어 피스 각 6개의 색상변화를 확인한 후 칼라 차트를 작성한다.

칼 라 차 트 (COLOR CHART)

학 번:　　　　　　　성 명:　　　　　　　　　　실 습 일 자 :　2 0 2　년　　월　　일

1. 염모제 1 제 :　　　　　　　　　　　3. 시술 전 모발 색상 :

2. 염모제 2 제 :　　　　　　　　　　　4. 시술 후 모발 색상 :

분 석 결 과 :

3. 보색

1) 보색

(   )은 색상환에서 서로 마주 보고 있는 색, 즉 색상환에서 서로 반대편에 있는 색을 (   )이라고 하고 색상 거리가 가까워서 비슷해 보이는 색을 유사색이라고 한다.

2) 보색 배색

(   ) 배색은 채도가 높아 보이고 색상이 더욱 뚜렷해 보여 눈에 쉽게 띄는 특징이 있어 강한 개성을 표현할 수 있다. 색상환에서 마주 보는 색인 빨강과 청록, 노랑과 남색, 녹색과 자주 등은 서로 (   )관계에 있으며 서로 배색하면 매우 강한 대비 효과가 나타난다.

3) 보색 혼합

색상환에서 서로 마주 보고 있는 색을 일정한 비율로 혼합하면 물감의 경우 검정색에 가까운 회색이 되고 빛의 경우 흰색이 된다. 각각의 색은 하나의 (   )을 갖고 있으며 모발의 색을 바꾸고 싶을 때 (   )을 활용하여 색상의 변화를 줄 수 있다. (   )끼리 혼합하면 검은 색조를 띤 회색(무채색)이 되지만 모발 색과 보색 관계에 있는 색으로 염색하게 되면 갈색으로 변화된다. 모발을 탈색하면 노란색을 띠는 페오멜라닌만 최종적으로 남게 되어 모발 색이 갈색으로 변화된다.

4. 보색 염색 시 주의점

1) 보색을 활용하여 원래의 모발 색을 억제한다.

(   )을 이용하여 모발의 붉은 색을 지우고 싶으면 녹색, 노란색을 지우고 싶으면 보라색, 주황색을 지우고 싶으면 파란색을 도포하여 색을 중화시켜 갈색으로 변화시킨다.

2) 염색의 종류가 같아야 보색을 이용할 수 있다.

산성 염모제로 염색을 하는 경우 (   )을 이용하여 모발 색상을 중화시킬 수 있고, 산화 염모제를 사용하는 경우 산화 염모제의 (   )을 이용하여 모발 색을 중화시킬 수 있다. 예를 들어 빨간색의 산성 염모제를 사용하여 염색을 하는 경우 녹색의 산성 염모제를 사용해야 빨간색을 갈색으로 중화시킬 수 있다.

3) 명도 및 채도를 맞춰야 보색 중화를 할 수 있다.

(   ) 중화에서 주의해야 할 점은 같은 명도 및 채도를 가진 염모제를 선택해서 사용해야 한다. 명도 8 보라색을 띠는 밝은 황갈색의 모발을 갈색으로 중화시키려면 보색인 명도 8 노란색을 띠는 황갈색으로 선택해서 염색해야 한다.

예를 들어 매우 밝은 노란색을 중화시키기 위해서 매우 밝은 보라색을 사용해야 하는데 진한 보라색으로 염색을 하는 경우 모발 색은 보라색으로 염색이 된다. (   ) 중화를 하는 경우 명도와 채도도 동일하게 맞춰서 시술해야 성공적으로 보색 염색을 할 수 있다.

5. 보색을 활용한 모발 색 칼라체인지

1) 빨간색의 검은 모발

(1) 빨간색의 검은 모발을 주황색으로 칼라체인지 하는 경우

색상환을 확인하여 색상 거리를 확인한다.
노란색을 첨가하여 주황색으로 칼라체인지 한다.

(2) 빨간색의 검은 모발을 노란색으로 칼라체인지 하는 경우

색상환을 확인하여 색상 거리를 확인한다.
모발 색에서 빨간색이 제거될 때까지 탈색한다. 노란색 염모제를 사용하여 칼라체인지 한다.

(3) 빨간색의 검은 모발을 녹색으로 칼라체인지 하는 경우

색상환을 확인하여 색상 거리를 확인한다.
모발 색에서 빨간색이 제거될 때까지 탈색한다. 파란색을 사용하여 녹색으로 칼라체인지 한다.

(4) 빨간색의 검은 모발을 파란색으로 칼라체인지 하는 경우

색상환을 확인하여 색상 거리를 확인한다.
빨간색의 보색인 녹색에 희망색인 파란색을 첨가하여 청녹색의 염모제를 사용해서 파란색으로 칼라체인지 한다.

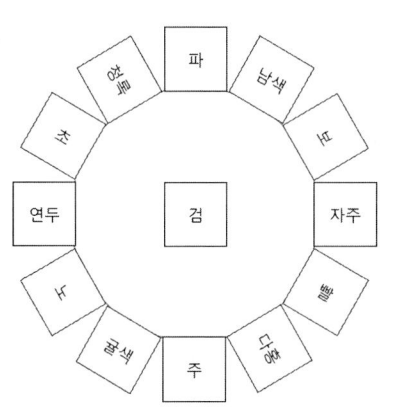 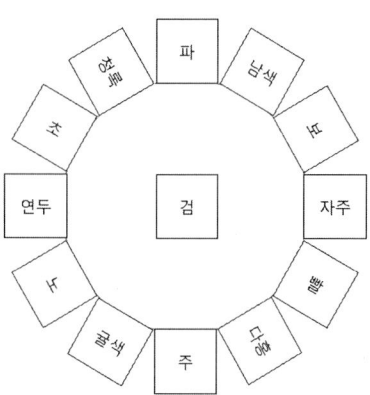 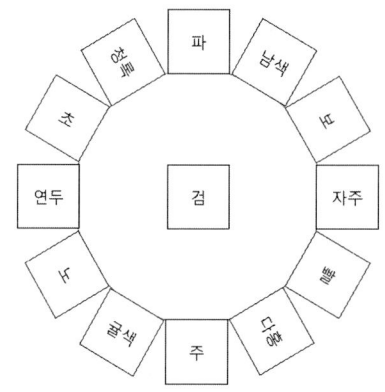 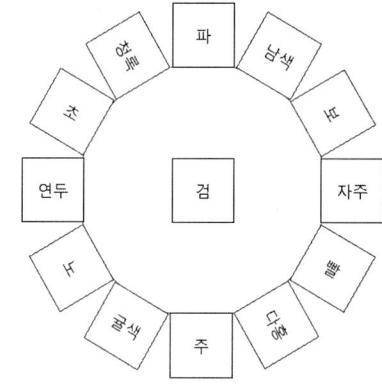

| 빨간색의 검은 모발을 주황색으로 칼라체인지 | 빨간색의 검은 모발을 노란색으로 칼라체인지 | 빨간색의 검은 모발을 녹색으로 칼라체인지 | 빨간색의 검은 모발을 파란색으로 칼라체인지 |

2) 주황색의 검은 모발

(1) 주황색의 검은 모발을 빨간색으로 칼라체인지 하는 경우

색상환을 확인하여 색상 거리를 확인한다.

주황색의 보색인 파란색에 빨간색을 사용해서 빨간색으로 칼라체인지 한다.

(2) 주황색의 검은 모발을 노란색으로 칼라체인지 하는 경우

  색상환을 확인하여 색상 거리를 확인한다.
  탈색을 하여 주황색에 포함된 빨간색을 제거한다. 노란색을 사용하여 칼라체인지 한다.

(3) 주황색의 검은 모발을 녹색으로 칼라체인지 하는 경우

  색상환을 확인하여 색상 거리를 확인한다.
  주황색의 보색인 파란색에 녹색을 섞어 청록색이 감도는 녹색을 만들어 칼라체인지 한다.

(4) 주황색의 검은 모발을 파란색으로 칼라체인지 하는 경우

  색상환을 확인하여 색상의 거리를 확인한다.
  모발에서 주황색이 제거될 때까지 탈색한다.
  노란색의 보색인 보라색에 희망색인 파란색을 더해서 청자색으로 만들어 파란색으로 칼라체인지 한다.

Chapter 6. 보색 염색

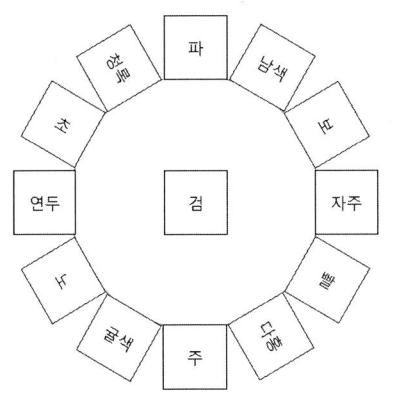 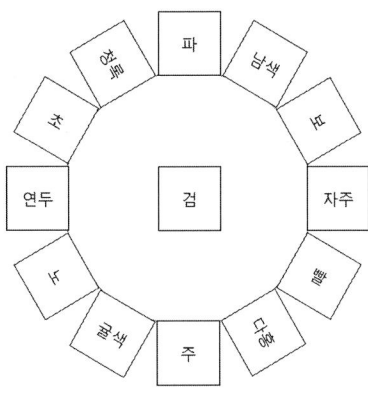 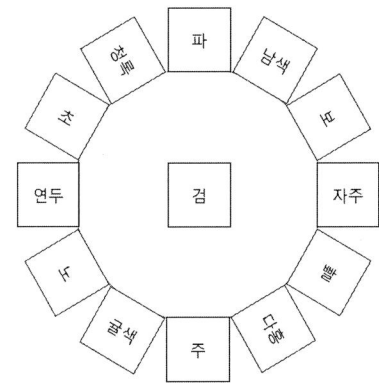 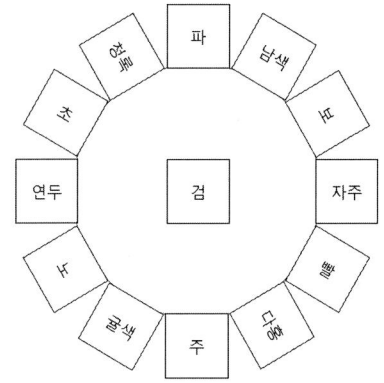

주황색의 검은 모발을 빨간색으로 칼라체인지　　주황색의 검은 모발을 노란색으로 칼라체인지　　주황색의 검은 모발을 녹색으로 칼라체인지　　주황색의 검은 모발을 파랑색으로 칼라체인지

Chapter 7
멜라닌 색소

1. 멜라닌 색소에 관한 실습

검은색 헤어피스 12개에 탈색제를 도포 하는 경우 멜라닌 색소의 변화에 따른 모발의 색상 및 밝기의 변화를 살펴본다.

미용 염색 재료와 도구

검은색 헤어피스 12개, 탈색제, 과산화수소 6%, 염색붓, 염색볼, 전자저울, 샴푸, 산성린스, 수건 2장, 드라이기, 랩 또는 호일, 타이머, 각 회사별 색상차트

---

1. 검은색 헤어피스 12개, 탈색제, 과산화수소 6%를 준비한다.
2. 전자저울을 사용하여 탈색제와 과산화수소 6%를 1:2로 측정한 후 혼합한다.
3. 검은색 헤어피스 12개에 탈색제를 도포한다.
4. 명도 4레벨에서 15레벨이 되도록 모발의 명도를 체크하면서 자연방치 한다.
5. 모발 명도를 체크하기 위해 수시로 칼라테스트를 실시한다.
6. 명도 결과에 따라 헤어피스별로 샴푸를 실시한다.
7. 염색 전용 샴푸제를 사용하여 샴푸하고 산성린스를 해 준다.
8. 유멜라닌과 페오멜라닌의 변화에 의한 모발의 색상변화를 확인 후 칼라 차트를 작성한다.

칼 라 차 트 (COLOR CHART)

학 번:　　　　　　　성 명:　　　　　　　　　실 습 일 자 :　2 0 2　년　　월　　일

모발의 명도단계												
4	5	6	7	8	9	10	11	12	13	14	15

1. 염모제 1 제 :　　　　　　　　　　　　　3. 시술 전 모발 색상 :

2. 염모제 2 제 :　　　　　　　　　　　　　4. 시술 후 모발 색상 :

분 석 결 과 :

2. 멜라닌 색소(melanin pigment)

(　　　　　　)는 모유두 조직과 함께 있는 색소형성세포인 멜라노사이드(melanocyte)에서 형성되는데 아미노산인 티로신에 티로시나아제(tyrosinase) 효소가 작용하여 만들어진다. 손가락처럼 생긴 멜라노사이트는 돌기 끝부분에서 (　　　　)를 갖고 있는 작은 주머니인 멜라노좀이 방출되고 모피질 전체에 퍼져 있다가 모발이 성장하면서 위쪽으로 이동한다. (　　　　)는 타원형 형태의 멜라노좀(melanosome) 과립 안쪽에 가득 저장되어 분비되는데 멜리닌 과립의 수, 크기, 합성에 의해 모발의 색이 결정된다. 멜라닌 과립이 크고 많으면 빛을 흡수되어 검게 보이고 적으면 적색과 갈색이 되고 멜라닌 과립이 거의 없으면 빛이 반사되어 희게 보인다.
(　　　　　)가 많은 순서는 흑(black) > 갈색(brown) > 적색(red) > 금발(blande) > 백발(gray hair) 순이다.

3. 멜라닌 색소의 합성과정

뇌하수체에서 색소세포자극호르몬이 분비되면 멜라닌 세포 내에 존재하는 아미노산인 티로신에 티로시나아제 효소가 작용하여 (　　　　　)를 만든다.

티로신은 티로신나제에 의해 산화되어 도파(DOPA)로 변하고 도파가 산화되어 도파 퀴논(DOPA quinone)으로 바뀐다. 도파퀴논은 두 가지 경로로 반응이 진행되는데 첫 번째 경로는 도파크롬이 5, 6하이드록시인돌 경로를 거쳐 흑갈색의 유멜라닌을 생성한다. 두 번째 경로는 도파퀴논이 케라틴 단백질에 존재하는 시스테인과 결합하여 적갈색의 페오멜라닌을 생성하는데 이로 인해 시스테인 함량이 많은 모발에는 페오멜라닌이 많이 존재한다.

유멜라닌은 비교적 크기가 크고 화학적으로 쉽게 파괴되는 반면 페오멜라닌은 비교적 크기가 작고 화학적으로 안정된 구조를 하고 있어 쉽게 파괴되지 않는다. 흑갈색 모발을 탈색하면 모발 색이 붉게 보이는데 이것이 바로 유멜라닌이 먼저 파괴되고 페오멜라닌이 남아 있기 때문이다. 탈색을 여러 번 반복 진행하면 최종적으로 노란색을 띠는 페오멜라닌만 모발에 남게 된다.

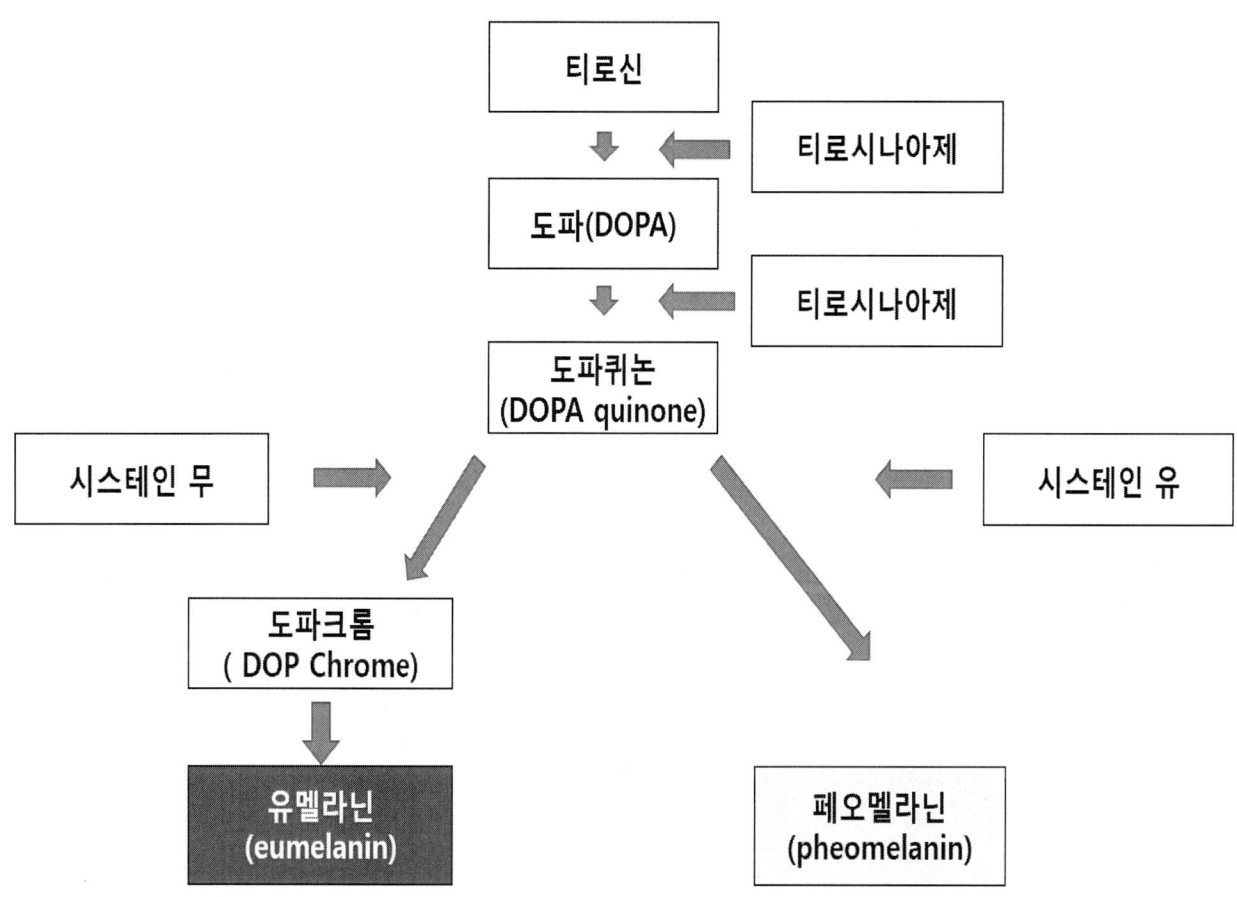

4. 멜라닌 색소의 종류

1) 입자형 색소인 유멜라닌(eumelanin)

(   )은 검정색과 갈색을 나타내는 진한 색소를 가지고 있으며 멜라닌 과립의 형태는 큰 타원형의 모양을 하고 있다.
탈색이 쉽게 되는 성질이 있으며 강한 자외선을 받았을 때 유멜라닌이 먼저 파괴되면서 흑갈색의 색상이 없어진다.
동양인 모발에는 페오멜라닌 보다 (   )이 더욱 많이 존재한다.

2) 분사형 색소인 페오멜라닌(pheomelanin)

(   )은 빨간색과 노란색을 나타내는 옅은 색의 색소를 가지고 있으며 멜라닌 과립의 형태는 작은 구형 모양을 하고 있다.
모발에 강한 자외선을 받게 되면 유멜라닌이 먼저 파괴되고 (   )만 최종적으로 남아 모발 색이 노란색을 띠게 된다.
서양인 모발에는 유멜라닌 보다 (   )이 더 많이 존재한다.

구분 \ 항목	유멜라닌(eumelanin)	페오멜라닌(pheomelanin)
색상	( ), ( )	( ), ( )
크기	( )	( )
모양	( )	( )
황 함유 유무	( )	( )
탈색 유무	( )	( )

Chapter 8
탈색

1. 염색 제거 탈색 실습

산성염색과 산화염색으로 염색된 모발을 탈색하는 경우 모발의 색상 및 밝기의 변화를 살펴본다.

미용 염색 재료와 도구

1. 산화염색된 탈색 헤어피스 7개, 산성 헤어칼라로 염색된 탈색 헤어피스 7개, 탈색제, 과산화수소 3%, 6%를 준비한다.
2. 전자저울을 사용하여 탈색제와 과산화수소 3%, 6%를 1:2, 1:3로 측정한 후 혼합한다.
3. 산화 염색된 탈색 헤어피스 6개, 산성 헤어칼라 염색된 탈색 헤어피스 6개에 탈색제를 도포한다.
4. 10분, 20분, 30분 모발의 색상 변화를 체크하면서 자연방치 한다.
5. 염색 결과를 확인하기 위해 수시로 칼라테스트를 실시한다.
6. 10분, 20분, 30분 시간 경과에 따라 헤어피스별로 샴푸한다.
7. 염색 전용 샴푸제를 활용하여 샴푸한 후 산성린스를 해 준다.
8. 탈색 시 염색 색상 변화를 확인하고 칼라 차트를 작성한다.

Chapter 8. 탈색

칼 라 차 트 (COLOR CHART)

학 번 :　　　　　성 명 :　　　　　　　실 습 일 자 : 2 0 2　년　　월　　일

1. 염모제 1 제 :　　　　　　　　　　3. 시술 전 모발 색상 :

2. 염모제 2 제 :　　　　　　　　　　4. 시술 후 모발 색상 :

분 석 결 과 :

2. 탈색의 3단계 원리를 순서에 맞도록 찾아보고 팀원에게 탈색의 원리를 설명한다.

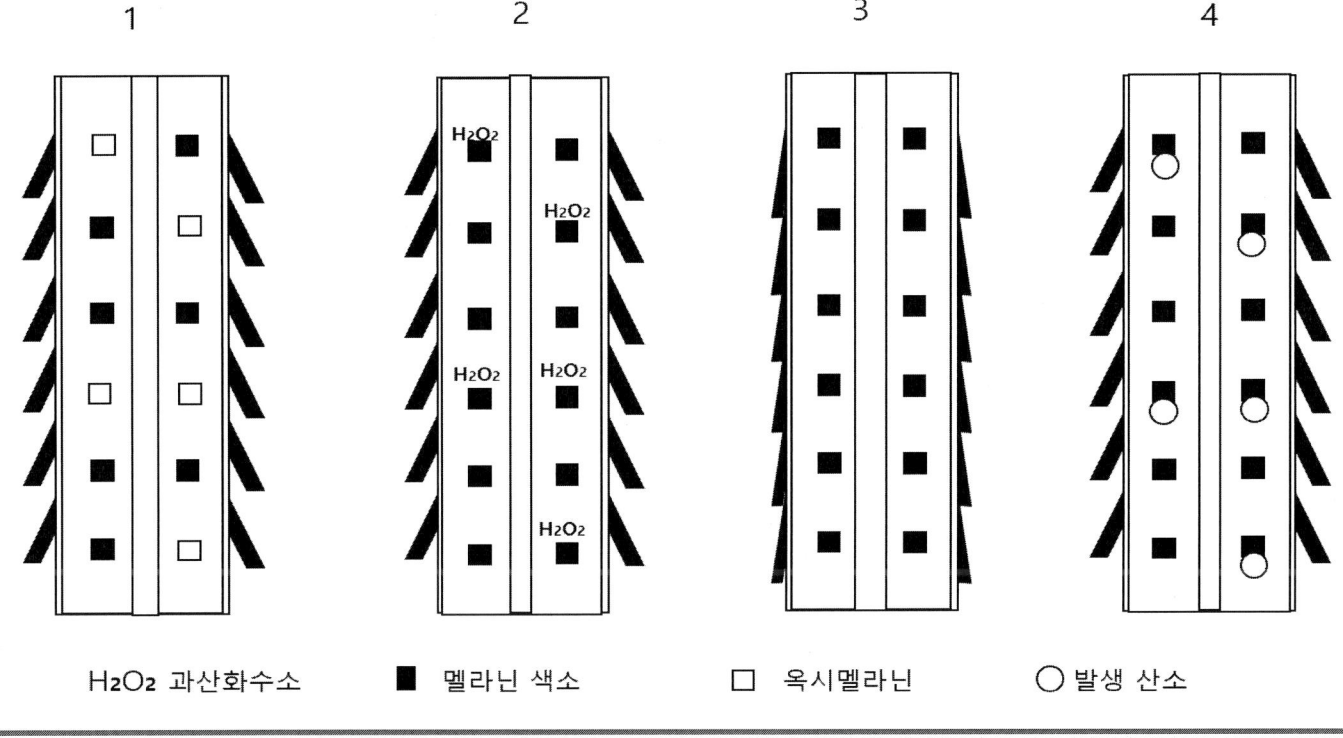

H_2O_2 과산화수소   ■ 멜라닌 색소   □ 옥시멜라닌   ○ 발생 산소

1. 탈색 3단계 원리 순서 (가: 나: 다:)
2. 탈색 3단계 원리를 간단하게 작성하시오.

3. 탈색(bleaching)

모발 내부에 있는 멜라닌 색소를 분해하여 모발 색을 밝게 연출하는 것을 (   ) 또는 블리치(Bleach)라고 한다. 탈색제품을 이용하여 모발 색을 조절할 수 있는데 (   ) 정도에 따라 어두운 갈색부터 아주 밝은 황갈색까지 모발 색의 톤을 자유롭게 조절할 수 있다.

자외선에 의해 활성화된 산소분자가 모발 속으로 침투하여 멜라닌 색소를 점차적으로 산화시켜 모발의 색이 밝아지는 것을 퇴색이라고 한다.

1) 가장 밝은 모발색을 원할 때 사용한다.

자연모의 경우 모발상태에 따라 다르지만 4~7레벨까지 밝게 (   )시킬 수 있고 더 밝은 색상을 원하는 경우, 탈색제를 닦아내고 새로 만든 탈색제를 재도포 한다.

2) 염색 효과를 상승시키기 위해 토너(toner)나 염색 전 단계에 사용된다.

모발 내 멜라닌 색소는 시술되는 염색 색상에 기여하여 최종 색상을 만들기 때문에 정확한 밝기로 모발 색을 (   )해야 한다.

(1) 토너(toner) : 아주 밝은 색상으로 하고 나서 다른 색상으로 색을 얻기를 원할 때 사용된다.

(2) 염색(tint) : 밝은 색을 원하거나 진한 색을 얻고 싶을 때 사용된다.

3) 원하지 않은 모발 색을 제거할 때 사용한다.

특정 부위 모발에 (   )을 원하는 경우나 염색이나 (   ) 시 얼룩이 진 경우, 염색 모발에 (   )을 원하는 경우에 주로 사용된다.

4. 탈색제의 종류

모발상태에 따라 적절한 탈색제의 종류를 선택하여 사용해야 되는데 탈색제는 분말타입, 크림타입 순으로 많이 사용된다. 특히 분말타입은 크림타입에 비해 탈색력이 우수하다.

1) 분말 탈색제

(   )를 이용하여 탈색 시 높은 명도 레벨까지 빠른 시간 내 탈색이 가능하다. 하지만 지나치게 탈색되어 모발 손상이 크고 탈색 시술 시간차에 의한 색상의 차이가 있으며 탈색제가 빨리 건조되는 단점을 가지고 있다.

2) 크림 탈색제

(   )를 이용하여 탈색 시 모발의 손상이 적고 시술 시간차에 의한 색상의 차이가 적고 탈색제가 잘 건조되지 않으면서 흘러내리지 않아 시술하기가 편리하다. 하지만 높은 명도 레벨까지 탈색이 진행되지 않고 탈색 진행 정도를 파악하기 어렵다는 단점을 가지고 있다.

5. 탈색제의 구성 성분

1) 1제

(1) 알칼리제

(   )는 모표피를 팽윤·연화시켜 모피질 내 산화제의 침투를 돕고 산화제의 분해를 촉진시켜 산소의 발생을 돕는다. 주로 암모니아(NH_3), 모노에탄올아민(C_2H_7NO)이 사용된다.

(2) 과산화물

(　　　　)은 산화제의 분해를 촉진시켜 산소의 발생을 도와 탈색을 촉진시킨다. 과산화망간(MgO_2), 과산화바륨(BaO_2), 과황산나트륨($Na_2S_2O_8$), 과황산칼륨($K_2S_2O_8$), 과황산암모늄($(NH_4)_2S_2O$) 등이 사용된다.

2) 산화제

(　　　　)로 사용되는 2제인 과산화수소(H_2O_2)는 물과 산소로 쉽게 분리되는 불안정한 혼합물로 암모니아와 혼합되면 산소와 물로 쉽게 분리되어 산소가 방출된다. 방출된 산소에 의해 멜라닌 색소가 분해되어 모발 색이 밝아지게 된다.

6. 3단계 탈색 원리

1) 1단계 : 1제와 산화제가 모표피 속으로 침투

모발에 알칼리제를 주성분으로 하는 1제와 산화제인 과산화수소(H_2O_2)를 혼합하여 도포하면 1제에 들어 있는 알칼리제가 (　　　　)를 팽윤, 연화시켜 1제와 산화제가 (　　　　) 내부로 침투한다.

2) 2단계 : 산소형성

1제에 들어 있는 알칼리제와 과산화물(산화제의 작용을 도와 탈색을 촉진)이 산화제인 과산화수소의 반응을 활성화시켜 물과 (　　　　)로 분해되면서 (　　　　)가 방출된다.

3) 3단계 : 멜라닌 색소의 산화

과산화수소에서 발생된 산소가 모피질 내 (　　　　)를 산화하면서 점진적으로 색소가 분해되어 색상의 변화가 나타나면서 .무색의 색소인 옥시 멜라닌으로 변화된다.

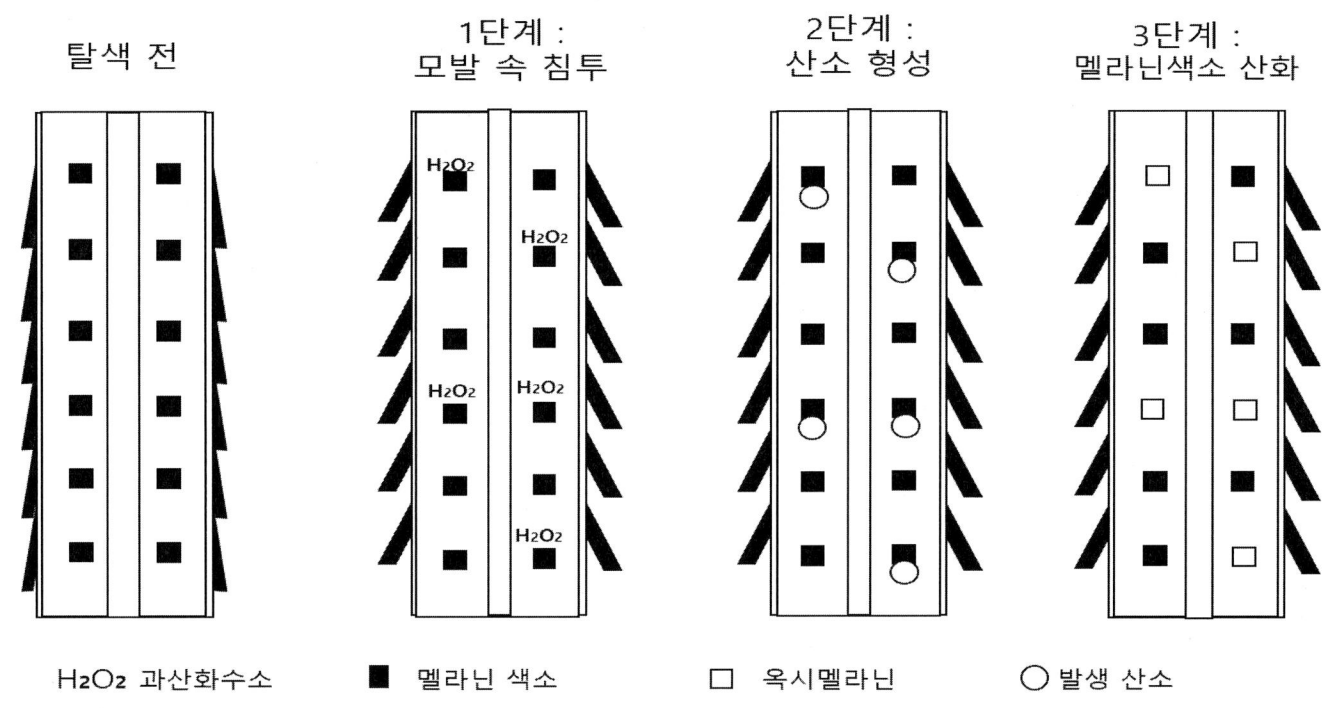

7. 탈색 시 모발색의 변화

1) 유멜라닌이 페오멜라닌 보다 먼저 탈색된다.

　 탈색 시 산소에 의해 멜라닌 색소가 산화되는데 입자형 색소를 가진 (　　　　)이 분사형 색소를 가진 페오멜라닌 보다 먼저 산화되어 제거된다.

Chapter 8. 탈색

2) 파란색 - 빨간색 - 노란색 순으로 모발색이 제거된다.

모발이 탈색되는데 걸리는 시간은 흑색에서 적보라 또는 빨간색의 단계로 탈색이 될 때 가장 적은 시간이 소요된다.
빨간색에서 주황색 단계로 탈색이 될 때는 그 전보다 조금 더 많은 시간이 소요되고 황금색의 단계까지 탈색이 될 때 가장 많은 탈색 시간이 소요된다. 즉, 탈색이 진행되는 동안 (   )이 제일 먼저 제거되고 (   )과 (   )이 남아 주황색이 되고 주황색에 있는 (   )이 점차적으로 제거되면서 노란색으로 변화되고 점점 백금색으로 변화되는데 이때 가장 많은 시간이 소요된다.
모발이 탈색제에 위해 탈색될 때 검정 모발은 연속적인 10등급의 색상 변화를 거쳐 아주 흐린 노란색이 된다.
검정 - 적보라 - 적색 - 붉은빛 주황색 - 주황색 - 황금빛 주황색 - 황금색 - 진한 노란색 - 노란색 - 아주 흐린 노란색

3) 탈색 진행시간은 30분이다.

탈색 시 모발의 밝기를 정확히 체크하려면 매 5분마다 탈색의 진행 정도를 살피는 것이 중요하다.
탈색제 도포 후 6분 동안 가장 강한 탈색작용이 일어나고 (   )분 동안 탈색이 진행되지만 (   )분 이상이 되면 산화작용을 멈추기 때문에 탈색의 효과가 매우 떨어지는 반면 탈색제에 포함되어 있던 알칼리제의 작용으로 모발 내 펩티드 결합 및 황 결합이 파괴되어 모발이 손상된다. 원하는 밝기 정도에 따라서 더 기존의 탈색제를 수건 등을 활용하여 제거하고 새로운 탈색제를 혼합하여 모발에 재도포 한다.

8. 탈색 시 주의 사항

1) 투터치 기법으로 도포한다.

탈색 시술 시 모발을 원터치로 도포하게 되면 두피쪽의 모발이 더 밝게 나와 (   ) 기법으로 시술해야 한다.

2) 한 번의 탈색으로 원하는 밝은 모발 색을 원할 수 없다.

원하는 밝기로 탈색이 되지 않았다면 모발에 도포된 (   )를 수건이나 빗 등을 활용하여 최대한 제거한 후 새로 혼합한 (   )를 도포해야 한다. 샴푸를 하여 (   )를 제거해도 되지만 번거롭고 시간이 많이 소요된다는 단점이 있어 수건이나 빗 등을 활용하여 제거하는 것이 좋으며 사용하기 직전에 (   )를 혼합하여 사용하고 남은 제품은 다음에 사용할 수 없다.

3) 탈색제를 깨끗이 제거해야 한다.

모발이나 두피에 (   )가 남아 있으면 알칼리제에 의해 모발과 두피가 손상되기 때문에 깨끗하게 헹궈내야 한다.

피부 보호와 안전을 위해 시술 시는 장갑을 착용하고 손님의 옷이나 시술자의 옷에 묻으면 옷의 칼라가 탈색되므로 주의해야 한다.

Chapter 9
호일워크 위빙

1. 호일워크 위빙 실습

전체 모발 보다 부분 모발에 염색을 하는 경우, 호일을 사용하여 본인의 모발 색보다 밝거나 어둡게 염색하여 입체감을 주고자 하는 경우 시술한다. 염색 시술 순서를 계획하고 작업하시오.

미용 염색 재료와 도구

1.

2.

3.

4.

5.

6.

7.

호일 워크 위빙 실습 순서에 맞도록 사진을 붙이시오.

2. 호일워크 위빙

(　　　　)을 사용하여 전체 모발 보다 부분 모발에 염색하여 입체감을 주고 모발에 손상을 줄이면서 원하는 칼라를 연출할 수 있는 염색 기법으로 (　　　　)을 사용하여 하이라이트 기법과 로우라이트 기법이 주로 사용된다.

하이라이트 기법은 어두운 모발을 밝게 염색하는 방법이며 로우라이트 기법은 밝은 모발은 어둡게 염색하는 방법이다.

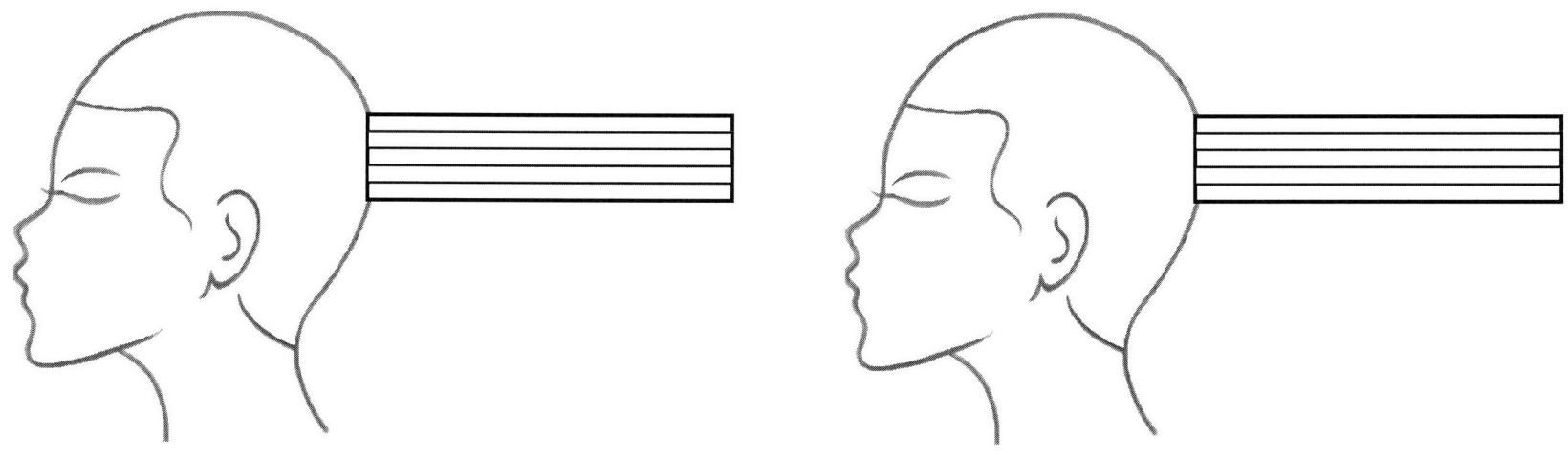

3. 호일워크 위빙 염색 시술방법

1) 염색을 위한 고객 상담 및 모발 진단

두피와 모발진단을 통해 시술여부를 점검하고 모발의 명도단계를 체크하고 원하는 색상을 결정한다.

2) 시술 준비

(1) 고객이 가운을 착용할 수 있도록 도와드리고 착용한 액세서리를 몸에서 제거할 수 있도록 안내한다.

(2) 모발에 헤어스타일링 제품을 많이 도포한 경우를 제외하고는 샴푸하지 않고 바로 시술한다.

(3) 염색용 타월이나 케이프를 어깨에 두른다.

(4) 염색 시술 재료와 도구를 준비한다. 각 회사 제품의 용량에 맞춰 염색제와 산화제를 금속이 아닌 플라스틱 용기에 잘 섞는다.

미용 염색 재료와 도구

산화염모제, 탈색제, 과산화수소, 염색볼, 염색붓, 핀셋, 호일, 전자저울, 미용장갑, 린스, 샴푸, 수건 2장, 드라이기, 타이머, 고객 가운, 고객관리 카드, 페이스 보호크림

---

3) 4등분으로 블로킹을 나눈다.

두상을 센터 파트(center part)와 이어 투 이어 파트(ear to ear part)로 (   )등분으로 블로킹을 나누고 이마와 귀 뒤, 목덜미 부분에 페이스 보호 크림을 도포한다.

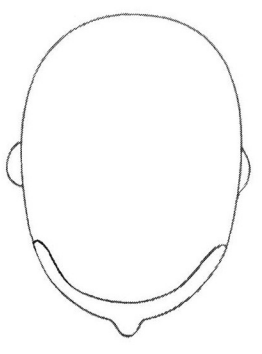 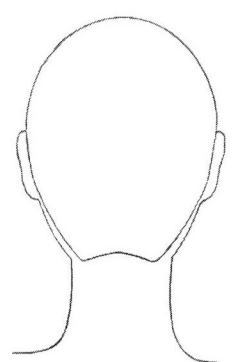

4) 원터치 기법으로 탈색제를 도포한다.

(1) 해당 부위 섹션을 1cm 나눠준다. 1cm를 반으로 나눠서 0.5cm 섹션만 (　　　) 하이라이트로 사용한다.

(2) 꼬리 빗의 꼬리부분을 활용하여 (　　　)을 뜬다.

(3) 호일 1cm를 접어 꼬리 빗에 끼우고 (　　　) 처리된 머리다발 아래에 대준다.
호일이 움직이지 않도록 (　　　) 모발을 눌러서 고정시킨 후 염모제 또는 탈색제를 도포한다. 탈색제나 염모제 도포 시 경계가 지지 않도록 두피 부분에 염모제나 탈색제가 뭉치게 않도록 주의해서 도포한다.

(4) 섹션마다 (　　　) 처리된 부분이 겹쳐서 일직선으로 연결되지 않으면서 브릭워크(벽돌쌓기)가 되도록 시술한다. 탈색이나 염모제가 도포된 모발이 호일로 완전히 덮일 수 있도록 시술한다.

Chapter 9. 호일워크 위빙

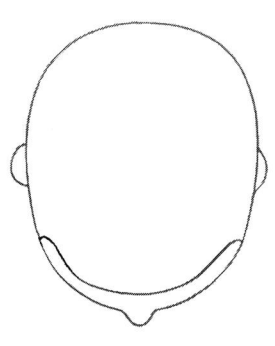
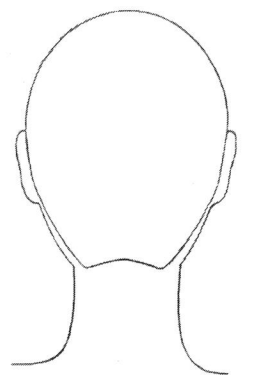

(5) (   ) 처리된 모발은 0.5cm 정도가 적당하며 (   )처리 되지 않은 모발이 너무 두꺼운 경우 호일 워크한 모발의 색상이 보이지 않고 위빙 처리된 모발이 너무 두꺼운 경우 염모제와 탈색제 도포가 잘되지 않아 주의해야 한다.
(   ) 처리된 모발 색상은 수시로 체크해 준다.

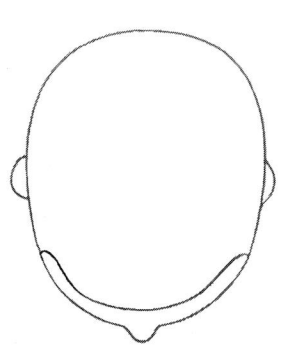
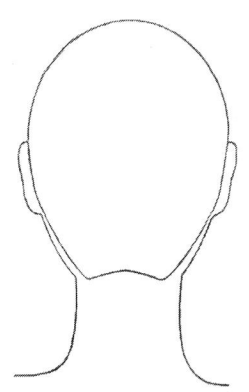
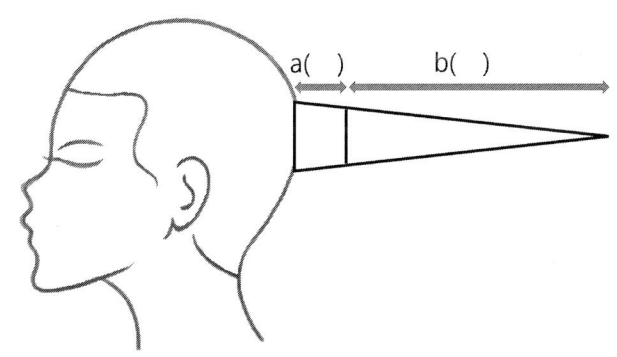

1. 염색 시술 순서 (   ) - (   )
2. 염색 도포 기법 (   )

5) 칼라테스트 실시한다.

(　　　　　)는 염색 결과를 보기 위해 네이프나 정수리 부분의 10가닥 정도의 모발을 티슈로 깨끗이 닦은 뒤 색상의 변화를 체크한다.

6) 샴푸한다.

모발 및 두피에 남아 있는 염모제를 깨끗하게 제거하기 위해 염색 전용 샴푸제를 사용하여 샴푸한다. 염색 후 모발의 pH 조절과 모발의 손상을 최대한 방지하기 위해 염색 전용 트리트먼트제를 사용하여 시술한다.

7) 스타일을 마무리하고 고객카드를 작성한다.

타월 드라이를 하여 모발을 건조시키고 드라이를 사용하여 스타일링을 연출한다. 다음번 염색 예약을 위해 고객카드를 작성한다.

염색 고객관리 카드 <color>

성명		성별	남·여	직업		전화번호	
생년월일		메일주소		주소		담당 디자이너	
두피진단 & 상세내역				모발진단 & 상세내역			
특이사항							

염색 시술날짜	No.	1제 사용량(g)	2제 사용량(g)	작용시간 (열처리)	염색도포기법	희망색	흰머리양(%)	두피 및 모발 케어제품	가격
/									
/									
/									
/									
/									
/									
/									
/									

Chapter 9. 호일워크 위빙

고객관리 카드<color>						
1	시술날짜		가격		제품사용	
진단내용						
스타일 상세내용						
상담 결과 & 특이사항						
2	시술날짜		가격		제품사용	
진단내용						
스타일 상세내용						
상담 결과 & 특이사항						

Chapter 10
칼라차트

1. 산화 염모제의 명도와 반사빛(색상)을 이해하자.

산화 염모제 번호	명도	반사빛(색상)
/		
/		
/		
/		
/		
/		
/		

2. 칼라차트 만들기 실습 1.

산화 염모제로 탈색 헤어피스에 염색하는 경우 모발의 색상과 밝기의 변화를 살펴본다.

미용 염색 재료와 도구

탈색 헤어피스 15개(견본피스 1개 포함), 색상별 산화염모제 1개, 산화제 6%, 염색 붓, 염색 볼, 전자저울, 샴푸, 산성린스, 수건 2장, 드라이기, 랩 또는 호일, 타이머, 각 회사별 색상차트

---

1. 탈색 헤어피스 15개를 준비한다.
2. 전자저울을 사용하여 산화염모제 1제와 2제를 1 : 1로 측정한 후 혼합한다.(각 제품회사에서 나온 사용설명서 참조)
3. 탈색 헤어피스에 각 색상별 혼합된 산화 염모제를 도포한다.
4. 제품 사용설명서를 참조하여 일정한 시간 동안 자연방치 한다.
5. 염색 결과를 확인하기 위해 칼라 테스트를 실시한다.
6. 염색 전용 샴푸 후 산성린스를 해준다.
7. 견본 탈색 헤어피스와 산화염색 처리된 탈색 헤어피스 15개의 색상변화를 확인 후 칼라차트를 작성한다.
8. 탈색 시 염색 색상 변화를 확인 후 칼라 차트를 작성한다.

칼라차트

11	2	3	34	44	45	5	6	68	88
Ash Gray 애쉬 그레이	Matt 매트	Yellow 엘로우	Orange Beige 오렌지 베이지	Carrot Orange 캐럿 오렌지	Cherry Red 첼리 레드	Rose 로즈	Violet 바이올렛	Pink Pearl 핑크 펄	Blue Silver 블루 실버
14/11		14/33		14/44	14/45	14/5	14/6		
12/11		12/3		12/44	12/45	12/5	12/6		12/88
10/11	10/2	10/3	10/34	10/44	10/45	10/5	10/6	10/68	10/88
8/11	8/2	8/3	8/34	8/44	8/45	8/5	8/6	8/68	8/88
6/11	6/2		6/34	6/44	6/45	6/5	6/6	6/68	6/88

2. 모발의 명도

모발의 (   )는 모발 색의 밝고 어두운 정도를 나타낸 것으로 자연 모발 (   ) 1~10단계로 나눈다.
모발의 (   )는 검은색인 1에서부터 가장 밝은 황갈색인 10레벨의 (   )를 가지고 있으며 탈색에 의해 14레벨까지 모발 (   )를 올릴 수 있다.
동양인 모발의 경우, (   ) 3~4 레벨의 밝기를 가지고 있으며 서양인 모발의 경우, (   ) 6~7 레벨의 밝기를 가지고 있다. 염모제를 제조하는 제품회사별로 명도 10레벨, 15레벨, 20레벨까지 선택하여 사용하고 있지만, 일반적으로 동양인 모발 색의 (   )는 4레벨, 서양인 모발 색의 (   )는 7레벨을 기준으로 명도의 체계를 정하고 있다.

모발명도	인종별 모발색	번호 언더톤	모발색의 명도단계		색의 명도단계	
14/0		아주 아주 아주 밝은 노랑	극도로 밝은 황갈색	ultra light blonde	N 14	고명도(탈색)
12/0		아주 아주 밝은 노랑	아주 밝은 황갈색	super light blonde	N 12	
10/0		아주 밝은 노랑	가장 밝은 황갈색	lightest blonde	N 10	고명도
9/0		밝은 노랑	매우 밝은 황갈색	very light blonde	N 9	
8/0		노랑	밝은 황갈색	light blonde	N 8	
7/0	서양인 기본색	밝은 오렌지	황갈색	Medium blonde	N 7	
6/0		오렌지	어두운 황갈색	dark blonde	N 6	중명도
5/0		붉은 오렌지	밝은 갈색	light brown	N 5	
4/0	동양인 기본색	적색	갈색	Medium brown	N 4	
3/0	한국인 모발색	어두운 적색	어두운 갈색	dark brown	N 3	저명도
2/0	한국인 모발색	아주 어두운 적색	가장 어두운 갈색	darkest brown	N 2	
1/0	인도, 필리핀	아주 아주 어두운 적색	검은색	black	N 1	

3. 산화 염모제의 명도

인간의 눈은 색의 3속성 중에서 (   )에 가장 민감하게 반응한다.
(   )는 색의 밝고 어두운 정도를 나타내는 것으로 흰색을 가하면 색이 밝아져서 (   )가 높아지고 검정색을 가하면 색이 어두워져서 (   )가 낮아진다.
염모제 역시 (   )에 영향을 받아 같은 번호에 위치한 염모제의 (   )는 동일하다. 8레벨 (   )를 가진 염모제는 6레벨의 (   )를 가진 염모제에 비해 밝게 염색이 되지만 색소의 양이 감소하여 색상은 옅어지게 된다.

4. 모발의 반사색(Reflect)

모발의 (   )이란, 빛이 모발을 통과했을 때 눈으로 볼 수 있는 색으로 (   )에 따라 모발색이 다양한 색상으로 염색된다.

1) 색상

(   )은 색을 구별하기 위한 이름으로 물체 표면에 반사되는 색파장에 의해 결정되고 온도와 밀접한 관계가 있으며 장파장은 따뜻한 느낌을 주고 단파장은 차가운 느낌을 주게 된다.
장파장인 난색에는 빨강, 주황, 노랑이 있는데 얼굴에 살이 없거나 차가워 보이는 인상을 가진 경우, 난색계통으로 모발 색을 연출하면 얼굴이 화사하고 온화해 보인다. 단파장인 한색에는 녹색, 파랑, 보라가 있는데 얼굴이 큰 경우 한색계통으로 모발색을 연출하면 얼굴이 수축되어 보인다.

2) 반사색의 표시

(   )은 제조회사에 따라 숫자나 알파벳 약자로 표시한다.

염모제에 표시된 숫자나 알파벳 약자는 색상을 의미하는데 (   )을 표시할 때는 명도를 나타내는 번호 앞 또는 뒤에 위치한다. 명도를 표시하는 숫자 바로 뒤에 표시된 첫 번째 숫자 또는 알파벳의 약자는 기본색인 1차 (   )이고 두 번째 숫자는 2차 (   )으로 주조색을 보완하는 보조색 역할을 한다. 반사색 중 1차 (   )을 먼저 읽고 2차 (   )을 나중에 읽는다. 명도를 나타내는 숫자 다음에 (   )이 표시되고 (.), (/), (-) 등으로 표시된다.

8 Y(알파벳 표기)
8 . 3(숫자로 표기)
8 / 3(숫자로 표기)
(노란빛을 띠는 밝은 황갈색)

컬러 컨트롤(Color Control)은 명도가 없고 색조만 있어 색상을 강조하고 싶을 때 사용되는데 희망색상에 컬러 컨트롤을 10~30% 이내로 혼합 사용할 수 있다. 컬러 컨트롤을 사용해 염색하는 경우 컬러 컨트롤 색상이 쉽게 빠지는 단점이 있다.

PINK, BROWN ··

명도　　　　색상 : 2차 반사빛(25% 함유)
↓　　　　　　↓

8 / 4 5

↑
색상 : 1차 반사빛(75% 함유)

구리빛 붉은색이 도는 밝은 황갈색

첫 번째 숫자는 염모제의 밝기를 나타내는 명도
두 번째와 세 번째 숫자는 염모제의 색을 나타내는 반사색

3) 반사색의 활동 범위

(　　　)을 선명하게 연출하기 위해서는 모발의 밝기 즉, 명도가 매우 중요하다.

모발의 명도가 낮은 경우 (　　　)이 안보이고 모발의 명도가 높은 경우 (　　　)이 선명하게 보인다.

예를 들어 (　　)을 금빛으로 염색하는 경우 원래의 모발 밝기가 명도 3인 어두운 갈색이라면 (　　) 금빛은 안보이지만 모발 밝기가 명도 8인 밝은 황갈색이라면 금빛 (　　)은 선명하게 보인다.

Chapter 10. 칼라차트

색의 밝기	반사색의 활동 범위					
	잿빛	초록빛	금빛	구리빛	적빛	자주빛
	차가운 색		따뜻한 색			
14/0 극도로 밝은 황갈색						
12/0 아주 밝은 황갈색	●		●			
10/0 가장 밝은 황금색	●	●	●	●	●	●
9/0 매우 밝은 황금색	●	●	●	●	●	●
8/0 밝은 황금색	●	●	●	●	●	●
7/0 중간 밝기의 황금색	●	●		●	●	●
6/0 어두운 황금색	●	●		●	●	●
5/0 밝은 갈색						
4/0 중간 밝기의 갈색						
3/0 어두운 갈색						
2/0 아주 어두운 갈색						
1/0 푸른 빛이 도는 흑색						

4) 반사색의 컬러 체인지

반사색(색상)	컬러 체인지	
잿빛	↓ 컬러 체인지 가능	↑ 컬러 체인지 불가능
초록빛		
금빛	↓ 컬러 체인지 가능	↑ 컬러 체인지 불가능 (탈색 후 컬러 체인지 가능)
구리빛		
적빛		
보라빛		

차가운 (　　　)을 띠는 모발을 따뜻한 (　　　)을 띠는 모발 색으로 칼라 체인지 하는 경우 금빛 → 구릿빛 → 적빛 → 보라빛으로 색을 쉽게 교정할 수 있다.

따뜻한 (　　　)을 띠는 모발 색을 차가운 (　　　)을 띠는 모발 색으로 칼라 체인지 하는 것은 어려운 작업이다.

보랏빛 → 적빛 → 구릿빛 → 금빛의 경우, 보랏빛 → 잿빛의 경우 쉽게 색이 교정되지 않아 모발 색을 교정하기 위해서 클렌징을 한 후 원하는 색상으로 염색해야 한다.

Chapter 11

산화 염색

1. 칼라차트 만들기 실습 2

산화 염모제로 검은색 헤어피스에 염색하는 경우 모발의 색상과 밝기의 변화를 살펴본다.

미용 염색 재료와 도구
검은색 헤어피스 15개(견본피스 1개 포함), 색상별 산화염모제 1개, 염색 붓, 염색 볼, 전자저울, 샴푸, 산성린스, 수건 2장, 드라이기, 랩 또는 호일, 타이머, 각 회사별 색상차트

1. 검은색 헤어피스 15개를 준비한다.
2. 전자저울을 사용하여 산화염모제 1제와 2제를 1 : 1로 측정한 후 혼합한다.
3. 검은색 헤어피스에 각 색상별 혼합된 산화 염모제를 도포한다.
4. 제품 사용 설명서를 참조하여 일정한 시간동안 자연방치 한다.
5. 염색 결과를 확인하기 위해 칼라 테스트를 실시한다.
6. 염색 전용 샴푸를 사용하여 샴푸한 후 산성린스를 해 준다.
7. 견본 검은색 헤어피스와 산화염색 처리된 검은색 헤어피스 15개의 색상변화를 확인 후 칼라차트를 작성한다.

Chapter 11. 산화 염색

칼라차트									
11	2	3	34	44	45	5	6	68	88
Ash Gray 애쉬 그레이	Matt 매트	Yellow 엘로우	Orange Beige 오렌지 베이지	Carrot Orange 캐럿 오렌지	Cherry Red 체리 레드	Rose 로즈	Violet 바이올렛	Pink Pearl 핑크 펄	Blue Silver 블루 실버
14/11		14/33		14/44	14/45	14/5	14/6		
12/11		12/3		12/44	12/45	12/5	12/6		12/88
10/11	10/2	10/3	10/34	10/44	10/45	10/5	10/6	10/68	10/88
8/11	8/2	8/3	8/34	8/44	8/45	8/5	8/6	8/68	8/88
6/11	6/2		6/34	6/44	6/45	6/5	6/6	6/68	6/88

2. 산화 염색 실습

산화염모제로 탈색 헤어피스 3개, 검은색 헤어피스 3개에 염색하는 경우 모발의 색상과 밝기의 변화를 살펴보기 위해 실습한다.

미용 염색 재료와 도구

탈색 헤어피스 3개(견본피스 1개 포함), 검은색 헤어피스 3개(견본피스 1개 포함), 색상별 산화염모제 1개, 산화제 6%, 염색 붓, 염색 볼, 전자저울, 샴푸, 산성린스, 수건 2장, 드라이기, 랩 또는 호일, 타이머, 각 회사별 색상차트

---

1. 탈색 헤어피스 3개, 검은색 헤어피스 3개를 준비한다.
2. 전자저울을 사용하여 산화염모제 1제와 2제를 1 : 1로 측정한 후 혼합한다.
3. 탈색 헤어피스 2개와 검은색 헤어피스 2개에 각 색상별 혼합된 산화 염모제를 도포한다.
4. 제품 사용 설명서를 참조하여 일정한 시간동안 자연방치 한다.
5. 염색 결과를 확인하기 위해 칼라테스트를 실시한다.
6. 염색 전용 샴푸를 사용하여 샴푸한 후 산성린스를 해준다.
7. 탈색 헤어피스 2개와 탈색 헤어피스 2개의 색상변화를 확인 후 칼라차트를 작성한다.

칼 라 차 트 (COLOR CHART)

| 학 번 : | 성 명 : | 실 습 일 자 : 2 0 2   년   월   일 |

견 본 모 발

1. 염모제 1 제 :	3. 시술 전 모발 색상 :
2. 염모제 2 제 :	4. 시술 후 모발 색상 :

분 석 결 과 :

Chapter 11. 산화 염색

3. 산화염색의 원리 1단계에서 4단계까지 염색이 진행되는 과정을 그림으로 표현하시오.

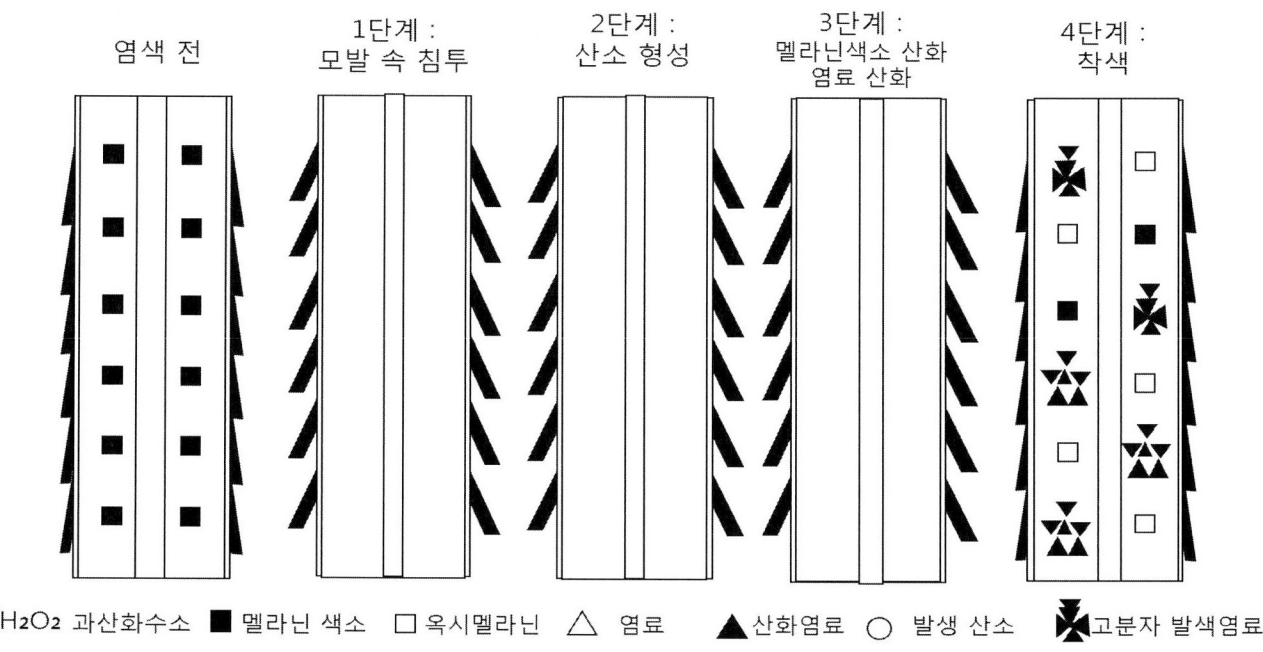

4단계 산화염색의 원리를 간단하게 작성하시오.

4. 산화 염색(permanent color)의 특징

산화염모제는 사용이 간편하고 다양한 색상으로 연출할 수 있다는 장점이 있어 가장 많이 사용되고 있는 염모제이다.

1) 염색 효과가 영구적이다.

1제에 들어 있는 알칼리제로 인해 모표피가 팽윤, 연화되어 염모제 1제와 과산화수소가 모표피 내부로 침투한다. 2제인 과산화수소에서 분해된 산소로 인해 멜라닌 색소가 분해되고 무색의 염료가 산화중합반응을 거치면서 유색의 고분자 염료로 발색되어 (   )적으로 모발색이 변하게 된다.

2) 100% 흰머리가 염색된다.

흰머리용 염모제는 과산화수소에서 분해된 산소에 의해 산화중합반응을 거쳐 유색의 고분자 염료가 형성되고 탈색된 멜라닌 과립 자리에 발색하여 착색되면서 (   )가 100% 커버된다.

3) 모발의 색상과 밝기를 조절할 수 있다.

어둡거나 밝게 (   )을 조절할 수 있고 다양한 색상으로 염색이 가능하다.

4) 1제와 2제로 구성되어 있다.

(   )의 주성분은 염료(무색), 알칼리제(pH 9~10), 산화방지제, 계면활성제로 되어 있고 (   )의 주성분은 과산화수소로 되어 있다.

5) 모발이 손상된다.

정상모발은 pH 4.5~5.5의 약산성에서는 건강한 상태를 유지하지만 알칼리성 염색제로 인해 모발이 알칼리화 되면서 모발이 (   )된다.

5. 산화 염색의 종류

1) 산화염색

(1) 알칼리성 산화염모제

(   ) 산화염모제는 1제와 2제인 6% 과산화수소로 구성되어 있다. (   )

산화염모제는 탈색작용과 착색작용이 동시에 이루어져 모발 색을 밝거나 어둡게 연출할 수 있으며 흰머리를 완전히 커버할 수 있다는 장점을 가지고 있지만 모발이 손상이 될 수 있다는 단점을 가지고 있다.

(2) 저알칼리성 산화염모제

(   ) 산화염모제는 1제와 2제인 3% 과산화수소로 구성되어 있다.

탈색력이 약해 모발색이 밝아지지 않아 퇴색된 모발에 윤기 또는 색상을 주고자 하는 경우, 어두운 색으로 염색을 하고자 하는 경우, 30~50%의 흰머리를 커버하고자 하는 경우, 펌 시술 직후에 바로 염색을 하고자 하는 경우 주로 사용된다.

2) 헤나 염색

식물성 염모제인 (   )는 로소니에(lawsonia)관목의 잎을 건조시켜 가루로 만들어 염색을 하는 것으로 뜨거운 물에 가루를 혼합하여 모발에 도포하면 붉은색으로 염색이 된다.

식물성 염모제는 꽃이나 식물에서 추출한 색소가 산성 수용액 중에서 케라틴에 염색이 되는 성질을 이용한 것으로 부작용이 거의 없다는 장점은 있지만 색이 단조롭고 자주 염색을 하는 경우 모발이 건조해지면서 뻣뻣해지고 모피질 안에 축척 되어 모발색이 탁해지면서 펌제와 산화염색제의 침투가 어렵다는 단점을 가지고 있다.

6. 산화염모제의 구성물질

1) 1제의 구성성분

(   )의 구성성분은 무색의 산화염료, 알칼리제(pH 9~10), 산화방지제, 계면활성제로 구성되어 있다.

(1) 산화염료

(   )는 염료 중간체(염료 전구체)와 염료 수정체로 구성된다.

① 염료중간체(염료 전구체)

저분자인 (   )는 모피질 내까지 쉽게 침투할 수 있으며 산화되기 전에는 무색이지만 산화되면서 고분자 불용성 유색색소로 변하게 된다.

염료 중간체	색상
p(파라) - 페닐렌디아민	흑색
p(파라) - 툴루엔디아민	다갈색 - 흑갈색
p(파라) - 아미노페놀	다갈색
o(올소) - 아미노페놀	황갈색
모노니트로 - p(파라) - 페닐렌디아민	적색
p - 페닐렌디아민 + p - 아미노페놀	암갈색 - 적갈색

② 염료 수정체

(   )는 염료 중간체와 조합하여 색상을 다양한 색상을 만들고 반사색의 농도를 진하게 조절할 수 있다.

염료수정체	색상
레조루신	녹색, 갈색
메타이미노페놀	마젠타색, 갈색
메타페닐렌디아민	청색
나프톨	자청색

(2) 알칼리제

(   )는 염색약의 pH를 조절하여 모표피를 팽윤·연화시켜 염모제와 펌제의 침투를 도와주고 과산화수소의 반응을 활성화시켜 산소 발생을 촉진시킨다. 또한 저분자 화합물인 염료 중간체를 고분자 화합물로 형성시키고 발색시키는 역할을 한다.

① 암모니아(ammonia)

(   )는 휘발성이 강하고 자극적인 냄새가 나지만 모발의 잔류도가 낮다.

암모니아는 모노에탄올아민에 비해 작용시간이 빠르다

② 모노에탄올아민(monoethanolamine)

모노에탄올아민은 암모니아에 비해 입자가 크지만 휘발성이 약해 냄새가 자극적이지 않다.
모발에 쉽게 잔류하기 때문에 시술 후 충분히 헹궈내야 한다. 암모니아에 비해 작용시간이 느리다.

(3) 산화방지제

(   )는 산화로부터 염모제의 변질을 방지하고 장기간 안전하게 보존하기 위해 사용된다.

산화 염료와 산화제의 혼합 시 너무 빠르게 산화되지 않도록 조절하기 위해 주로 아유소다가 사용된다.

(4) 계면활성제

(   )는 고급지방산염이 사용되고 있으며 염료 중간체와 염료수정체의 침투를 촉진시킨다.

2) 2제의 주요성분

(   )의 구성성분은 과산화수소(H_2O_2)이며 과산화수소는 무향, 무색의 액체로 물과 산소로 쉽게 분리되고 암모니아에 의해 산소 발생되면서 모발내의 멜라닌 색소를 분해시킨다.

(   )는 산화염료인 염료중간체를 산화시키고 염료 수정체와 서로 반응하도록 도와 다른 색상의 염료를 생성시킨다.

7. 4단계 산화 염색의 원리

1) 1단계 : 모발 속으로 1제와 2제 침투

염모제 1제와 2제를 혼합하여 모발에 도포하면 염모제 1제에 들어있는 알칼리제가 (   )를 팽윤, 연화시켜 열리게 하여 무색의 염료와 과산화수소가 모표피 내부로 침투한다.

2) 2단계 : 산소 형성

1제에 들어 있는 알칼리제가 과산화수소와 반응하여 과산화수소를 활성화시켜 물과 (   )로 분해시켜 (   )를 발생시킨다.

Chapter 11. 산화 염색

3) 3단계 : 발생된 산소가 멜라닌 색소와 염료 산화

발생된 산소가 모피질 내 (   )를 산화시켜 무색의 색소인 옥시 멜라닌으로 변화시키고 무색의 염료를 산화하여 발색시킨다.

4) 4단계 : 발색된 고분자 염료의 착색

산소로 인해 발색된 저분자의 염료가 서로 중합되어 유색의 고분자 염료로 형성되고 탈색된 옥시 멜라닌 색소 자리에 유색의 고분자 염료가 (   )되면서 염색이 된다.

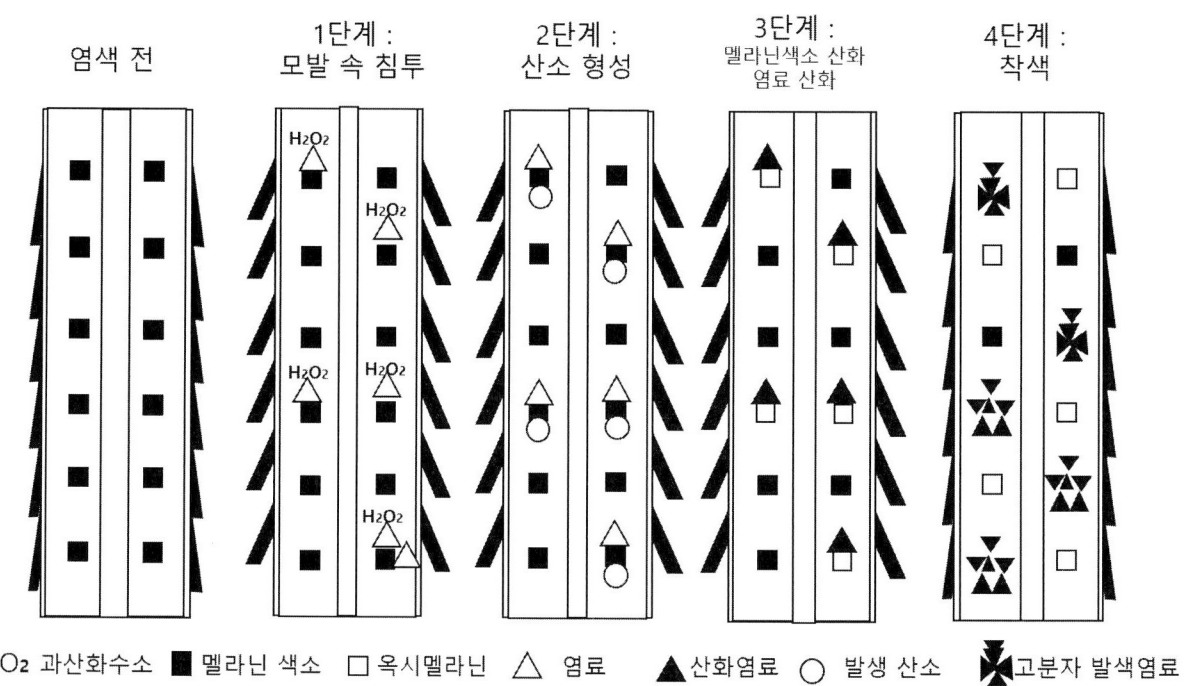

Chapter 12
버진헤어 - 원터치 기법

1. 버진헤어 - 검은색 염색 실습

염색을 처음 하는 고객이 본인의 모발 색보다 어두운 색으로 염색을 희망하고 모발 길이는 20cm 보다 길다. 염색에 필요한 염색 재료 및 도구를 준비하고 시술순서를 계획하여 작성하시오.

미용 염색 재료와 도구

1.

2.

3.

4.

5.

6.

Chapter 12. 버진헤어 - 원터치 기법

염색 시술 순서에 맞도록 사진을 붙이고 및 설명을 간단히 적으시오.

Chapter 12. 버진헤어 - 원터치 기법

1. 20cm 이내 버진헤어(virgin hair) 검은색 염색 시술 전 패치테스트 시술 및 고객 상담 및 모발 진단

두피와 모발진단을 통해 시술여부를 점검하고 모발의 명도단계를 체크하고 원하는 색상을 결정한다.

모발 길이에 따라 염색의 진행 속도가 다르지만 (　　　　) 색으로 염색을 하는 경우 원터치 도포 기법이 사용된다.

원터치 도포기법은 모발길이와 상관없이 모발 전체의 균일한 색을 얻을 수 있으며 도포 순서는 모발 두피 부분 → 중간 부분 → 끝 부분 순으로 진행된다.

(　　　　) 후 음성반응일 경우에만 염색 시술이 가능하다.

2. 시술 준비

1) 고객이 가운을 착용할 수 있도록 도와드리고 착용한 액세서리를 몸에서 제거할 수 있도록 안내한다.
2) 모발에 헤어스타일링 제품을 많이 도포한 경우를 제외하고는 샴푸하지 않고 바로 시술한다.
3) 염색용 타월이나 케이프를 어깨에 두른다.
4) 염색 시술 재료와 도구를 준비한다.

각 회사 제품의 용량에 맞춰 염색제와 산화제를 금속이 아닌 플라스틱 용기에 잘 섞는다.

미용 염색 재료와 도구

산화염모제, 과산화수소 6%, 염색볼, 염색붓, 핀셋, 비닐캡 또는 랩, 전자저울, 미용장갑, 린스, 샴푸, 수건 2장, 드라이기, 타이머, 고객 가운, 고객관리 카드, 페이스 보호크림

Chapter 12. 버진헤어 - 원터치 기법

3. 4등분으로 블로킹을 나눈다.

두상을 센터 파트(center part)와 이어 투 이어 파트(ear to ear part)로 (　　)등분으로 나누고 이마와 귀 뒤 목덜미 부분에 페이스 보호 크림을 도포한다.

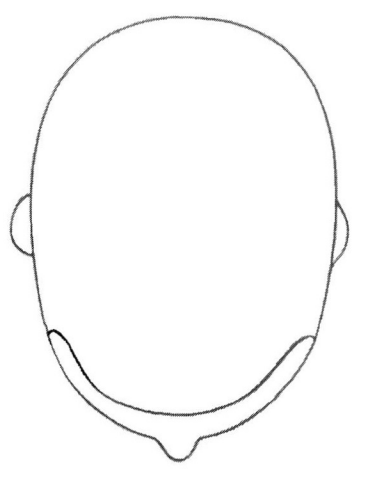 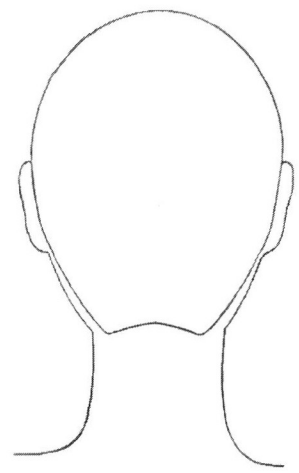

4. 원터치 기법으로 염모제를 도포한다.

1) 염모제 도포는 네이프(nape) 부분부터 시작한다.

2) 염모제의 도포는 모발 길이에 상관없이 모근부터 모선 끝까지 (　　　) 기법으로 염모제를 도포한다.

3) 두상 부위에 따라 발색의 차이가 있어 염색이 잘되는 부위와 염색이 안되는 부위를 체크하여 염모제를 도포한다.

4) 각 회사 제품마다 차이가 있으나 약 30~35분 정도 방치한다.

　주의사항: 개인의 모질 상태와 손상된 모발인 경우 방치 시간이 변화되므로 시술 시 항상 체크 한다.

Chapter 12. 버진헤어 - 원터치 기법

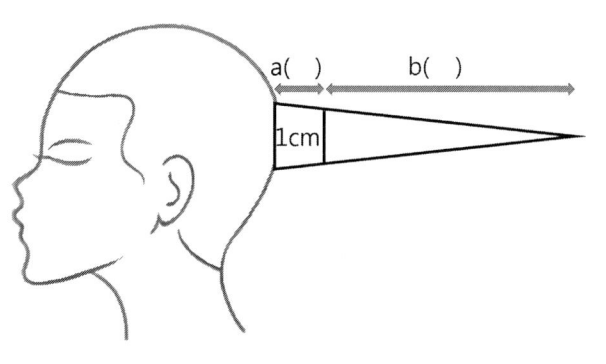 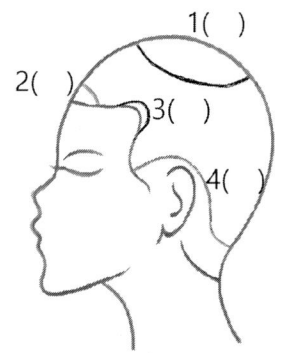

1. 염색 도포 기법 (　　　)
2. 염색 시술 순서 (　　　) - (　　　)
3. 염색이 잘 되는 부위 (　　　), (　　　)
4. 염색이 안 되는 부위 (　　　), (　　　)

5. 자연방치 한다.

염모제 도포 후 30분 정도 (　　　) 한다.

방치시간 동안 멜라닌 색소의 탈색이 이루어지고 인공색소가 발색하여 중합과정을 거쳐 고분자 염료가 착색되는 시간이 필요하기 때문이다. 작용 시간 전에 샴푸를 하게 되면 착색이 잘 이루어지지 않아서 빨리 퇴색되는 원인이 될 수 있다.

제품 사용 설명서를 참고하여 (　　　) 시간을 결정해야 한다.

6. 칼라 테스트 실시한다.

(   )는 염색 진행시 모발의 색상 변화를 확인하기 네이프나 정수리 부분의 머리다발을 약간 떠서 티슈로 닦은 뒤 모발색의 변화를 관찰하기 위해 실시한다. 또는 두피 근처의 모발에 묻어있는 염모제를 꼬리빗의 꼬리 부분을 이용해서 살짝 걷어낸 후 색상 변화를 확인하기 위해 실시한다.

7. 유화(에멀전)를 실시한다.

(   )는 모발과 두피에 굳은 염모제를 부드럽게 풀어주어 샴푸 작업을 보다 쉽게 할 수 있도록 도와주고 모발 내 염료가 잘 정착될 수 있도록 실시해준다.
샴푸 시술 전 모발 및 두피에 미온수를 도포하고 엄지로 헤어라인을 중심으로 부드럽게 문질러서 염모제를 풀어준 후 손가락 전체를 이용해서 (   ) 작업을 실시한다.

8. 염색 전용 샴푸와 트리트먼트를 실시한다.

염색 전용 샴푸제를 사용해 모발 및 두피에 남아 있는 염모제를 깨끗하게 제거하기 위해 (   )를 실시한다. 염색 후 모발의 손상 방지, 모발의 pH 조절, 염색 색상 유지를 위해 트리트먼트제를 사용해 마무리해준다.

9. 스타일을 마무리하고 고객카드를 작성한다.

타월 드라이로 모발을 건조시킨 후 드라이를 사용하여 마무리 스타일링을 연출하고 염색 고객 카드를 작성한다.

염색 고객관리 카드 <color>

성명		성별	남 · 여	직업		전화번호	
생년월일		메일주소		주소		담당 디자이너	
두피진단 & 상세내역				모발진단 & 상세내역			
특이사항							

염색 시술날짜	No.	1제 사용량(g)	2제 사용량(g)	작용시간 (열처리)	염색도포기법	희망색	흰머리양(%)	두피 및 모발 케어제품	가격
/									
/									
/									
/									
/									
/									
/									
/									

고객관리 카드 <color>

1	시술날짜		가격		제품사용	
진단내용						
스타일 상세내용						
상담 결과 & 특이사항						
2	시술날짜		가격		제품사용	
진단내용						
스타일 상세내용						
상담 결과 & 특이사항						

에듀컨텐츠·휴피아

헤어칼라디자인 워크북
Hair Color Design Workbook

2022년 12월 20일 초판 1쇄 인쇄
2022년 12월 30일 초판 1쇄 발행

저 자 | **조 미 영** ♦ 著

발 행 처 | 도서출판 에듀컨텐츠휴피아
발 행 인 | 李 相 烈
등록번호 | 제2017-000042호 (2002년 1월 9일 신고등록)
주 소 | 서울 광진구 자양로 28길 98, 동양빌딩
전 화 | (02) 443-6366
팩 스 | (02) 443-6376
e-mail | iknowledge@naver.com
web | http://cafe.naver.com/eduhuepia
만든사람들 | 기획·**김수아** / 책임편집·이진훈 김예빈 하지수 송하진 이채원
디자인·**유충현** / 영업·이순우

I S B N | 978-89-6356-387-9 (93590)
정 가 | 16,000원

ⓒ 2022, 조미영, 도서출판 에듀컨텐츠휴피아

이 책은 저작권법에 따라 보호받는 저작물이므로 무단전재와 무단복제를 금지하며, 책 내용의 전부 또는 일부를 이용하려면 반드시 저작권자 및 도서출판 에듀컨텐츠휴피아의 서면 동의를 받아야 합니다.